中华人民共和国水利部

水利工程设计概(估)算
编 制 规 定

黄河水利出版社

图书在版编目（CIP）数据

水利工程设计概（估）算编制规定/水利部水利建设
经济定额站主编.—郑州:黄河水利出版社,2002.6
中华人民共和国水利部批准发布
ISBN 7-80621-563-8

Ⅰ.水… Ⅱ.水… Ⅲ.水利工程-概算编制-中
国 Ⅳ.TV512

中国版本图书馆 CIP 数据核字（2002）第 030892 号

出 版 社:黄河水利出版社
　　　　　地址:河南省郑州市金水路 11 号　　　邮政编码:450003
发行单位:黄河水利出版社
　　　　　发行部电话及传真:0371-6022620
　　　　　E-mail:yrcp@ public2.zz.ha.cn
承印单位:河南第二新华印刷厂
开本:850 毫米×1 168 毫米　1/32
印张:3.875
字数:96 千字　　　　　　　　　印数:1—25 000
版次:2002 年 6 月第 1 版　　　印次:2002 年 6 月第 1 次印刷
书号:ISBN 7-80621-563-8/TV·270　定价:18.00 元

水 利 部 文 件

水总〔2002〕116号

关于发布《水利建筑工程预算定额》、
《水利建筑工程概算定额》、
《水利工程施工机械台时费定额》
及《水利工程设计概(估)算编制规定》的通知

各流域机构,部直属各设计院,各省、自治区、直辖市水利
(水务)厅(局),各计划单列市水利(水务)局,新疆生产建
设兵团水利局,中国水电工程总公司,武警水电指挥部:

为适应建立社会主义市场经济体制的需要,合理确
定和有效控制水利工程基本建设投资,提高投资效益,由
我部水利建设经济定额站组织编制的《水利建筑工程预
算定额》、《水利建筑工程概算定额》、《水利工程施工机械
台时费定额》及《水利工程设计概(估)算编制规定》,已经

审查批准,现予以颁布,自 2002 年 7 月 1 日起执行。原水利电力部、能源部和水利部于 1986 年颁布的《水利水电建筑工程预算定额》、1988 年颁发的《水利水电建筑工程概算定额》、1991 年颁发的《水利水电施工机械台班费定额》及 1998 年颁发的《水利工程设计概(估)算费用构成及计算标准》同时废止。

此次颁布的定额及规定由水利部水利建设经济定额站负责解释。在执行过程中如有问题请及时函告水利部水利建设经济定额站。

中华人民共和国水利部
二〇〇二年三月六日

主题词:水利 工程 建筑 定额△ 通知

抄送:国家发展计划委员会。

水利部办公厅   2002 年 4 月 1 日印发

主编单位　水利部水利建设经济定额站

技术顾问　李治平　王开祥

主　　编　宋崇丽

副 主 编　韩增芬　黄士芩　胡玉强

编　　写　胡玉强　蔡　萍

目　　录

可行性研究投资估算

附　录

总　则

一、为适应社会主义市场经济的发展和水利工程基本建设投资管理的需要,提高概(估)算编制质量,合理确定工程投资,根据建筑安装工程费用组成的有关规定,在水建[1998]15号文发布的《水利水电工程设计概(估)算费用构成及计算标准》的基础上,并结合近些年水利工程自身行业特点,制定了本编制规定。它是编制和审批水利工程设计概(估)算的依据,也是编制工程标底的指导性标准。

二、本规定适用于中央项目和中央参与投资的地方大型水利项目。

三、工程的设计概(估)算应按编制年的政策及价格水平进行编制。若工程开工年份的设计方案及价格水平与初步设计概算有明显变化时,则其初步设计概算应重编报批。

四、本规定由水利部水利建设经济定额站负责管理与解释。

初 步 设 计 概 算

第一篇　总　论

第一章　工程分类及概算编制依据

第一节　工程分类和工程概算组成

1.水利工程按工程性质划分为二大类,具体划分如下:

$$
\text{水利工程}
\begin{cases}
\text{枢纽工程}
\begin{cases}
\text{水库} \\
\text{水电站} \\
\text{其他大型独立建筑物}
\end{cases} \\
\text{引水工程及河道工程}
\begin{cases}
\text{供水工程} \\
\text{灌溉工程} \\
\text{河湖整治工程} \\
\text{堤防工程}
\end{cases}
\end{cases}
$$

2.水利工程概算由工程部分、移民和环境两部分构成。具体划分如下:

$$
\text{水利工程概算}
\begin{cases}
\text{工程部分}
\begin{cases}
\text{建筑工程} \\
\text{机电设备及安装工程} \\
\text{金属结构设备及安装工程} \\
\text{施工临时工程} \\
\text{独立费用}
\end{cases} \\
\text{移民和环境部分}
\begin{cases}
\text{水库移民征地补偿} \\
\text{水土保持工程} \\
\text{环境保护工程}
\end{cases}
\end{cases}
$$

3.工程各部分下设一级、二级、三级项目。

4.移民和环境部分划分的各级项目执行《水利工程建设征地移民补偿投资概(估)算编制规定》、《水利工程环境保护设计概(估)算编制规定》和《水土保持工程概(估)算编制规定》。

第二节 初步设计概算文件编制依据

1.国家及省、自治区、直辖市颁发的有关法令法规、制度、规程;

2.水利工程设计概(估)算编制规定;

3.水利建筑工程概算定额、水利水电设备安装工程概算定额、水利工程施工机械台时费定额和有关行业主管部门颁发的定额;

4.水利工程设计工程量计算规则;

5.初步设计文件及图纸;

6.有关合同协议及资金筹措方案;

7.其他。

第二章　概算文件组成内容

第一节　概算正件组成内容

一、编制说明

1.工程概况

流域,河系,兴建地点,对外交通条件,工程规模,工程效益,工程布置型式,主体建筑工程量,主要材料用量,施工总工期,施工总工时,施工平均人数和高峰人数,资金筹措情况和投资比例等。

2.投资主要指标

工程总投资和静态总投资,年度价格指数,基本预备费率,建设期融资额度、利率和利息等。

3.编制原则和依据

(1)概算编制原则和依据。

(2)人工预算单价,主要材料,施工用电、水、风,砂石料等基础单价的计算依据。

(3)主要设备价格的编制依据。

(4)费用计算标准及依据。

(5)工程资金筹措方案。

4.概算编制中其他应说明的问题

5.主要技术经济指标表

6.工程概算总表

二、工程部分概算表

1.概算表

(1)总概算表

(2)建筑工程概算表

(3)机电设备及安装工程概算表

(4)金属结构设备及安装工程概算表

(5)施工临时工程概算表

(6)独立费用概算表

(7)分年度投资表

(8)资金流量表

2.概算附表

(1)建筑工程单价汇总表

(2)安装工程单价汇总表

(3)主要材料预算价格汇总表

(4)次要材料预算价格汇总表

(5)施工机械台时费汇总表

(6)主要工程量汇总表

(7)主要材料量汇总表

(8)工时数量汇总表

(9)建设及施工场地征用数量汇总表

第二节　概算附件组成内容

1.人工预算单价计算表

2.主要材料运输费用计算表

3.主要材料预算价格计算表

4.施工用电价格计算书

5.施工用水价格计算书

6.施工用风价格计算书

7.补充定额计算书

8.补充施工机械台时费计算书

9.砂石料单价计算书

10.混凝土材料单价计算表

11.建筑工程单价表

12.安装工程单价表

13.主要设备运杂费率计算书

14.临时房屋建筑工程投资计算书

15.独立费用计算书(按独立项目分项计算)

16.分年度投资表

17.资金流量计算表

18.价差预备费计算表

19.建设期融资利息计算书

20.计算人工、材料、设备预算价格和费用依据的有关文件、询价报价资料及其他。

注:概算正件及附件均应单独成册并随初步设计文件报审。

第三章 工程部分项目组成

一、第一部分 建筑工程

(一)枢纽工程

指水利枢纽建筑物(含引水工程中的水源工程)和其他大型独立建筑物。包括挡水工程、泄洪工程、引水工程、发电厂工程、升压变电站工程、航运工程、鱼道工程、交通工程、房屋建筑工程和其他建筑工程。其中,挡水工程等前七项为主体建筑工程。

(1)挡水工程。包括挡水的各类坝(闸)工程。

(2)泄洪工程。包括溢洪道、泄洪洞、冲砂孔(洞)、放空洞等工程。

(3)引水工程。包括发电引水明渠、进水口、隧洞、调压井、高压管道等工程。

(4)发电厂工程。包括地面、地下各类发电厂工程。

(5)升压变电站工程。包括升压变电站、开关站等工程。

(6)航运工程。包括上下游引航道、船闸、升船机等工程。

(7)鱼道工程。根据枢纽建筑物布置情况,可独立列项。与拦河坝相结合的,也可作为拦河坝工程的组成部分。

(8)交通工程。包括上坝、进厂、对外等场内外永久公路、桥涵、铁路、码头等交通工程。

(9)房屋建筑工程。包括为生产运行服务的永久性辅助生产建筑、仓库、办公、生活及文化福利等房屋建筑和室外工程。

(10)其他建筑工程。包括内外部观测工程,动力线路(厂坝区),照明线路,通信线路,厂坝区及生活区供水、供热、排水等公用设施工程,厂坝区环境建设工程,水情自动测报工程及其他。

(二)引水工程及河道工程

指供水、灌溉、河湖整治、堤防修建与加固工程。包括供水、灌溉渠(管)道、河湖整治与堤防工程、建筑物工程(水源工程除外)、交通工程、房屋建筑工程、供电设施工程和其他建筑工程。

(1)供水、灌溉渠(管)道、河湖整治与堤防工程。包括渠(管)道工程、清淤疏浚工程、堤防修建与加固工程等。

(2)建筑物工程。包括泵站、水闸、隧洞工程、渡槽、倒虹吸、跌水、小水电站、排水沟(涵)、调蓄水库工程等。

(3)交通工程。指永久性公路、铁路、桥梁、码头等工程。

(4)房屋建筑工程。包括为生产运行服务的永久性辅助生产建筑、仓库、办公、生活及文化福利等房屋建筑和室外工程。

(5)供电设施工程。指为工程生产运行供电需要架设的输电线路及变配电设施工程。

(6)其他建筑工程。包括内外部观测工程,照明线路,通信线路,厂坝(闸、泵站)区及生活区供水、供热、排水等公用设施工程,工程沿线或建筑物周围环境建设工程,水情自动测报工程及其他。

二、第二部分 机电设备及安装工程

(一)枢纽工程

指构成枢纽工程固定资产的全部机电设备及安装工程。本部分由发电设备及安装工程、升压变电设备及安装工程和公用设备及安装工程三项组成。

(1)发电设备及安装工程。包括水轮机、发电机、主阀、起重机、水力机械辅助设备、电气设备等设备及安装工程。

(2)升压变电设备及安装工程。包括主变压器、高压电气设备、一次拉线等设备及安装工程。

(3)公用设备及安装工程。包括通信设备、通风采暖设备、机修设备、计算机监控系统、管理自动化系统、全厂接地及保护网,电梯,坝区馈电设备,厂坝区及生活区供水、排水、供热设备,水文、泥沙监测设备,水情自动测报系统设备,外部观测设备,消防设备,交通设备等设备及安装工程。

(二)引水工程及河道工程

指构成该工程固定资产的全部机电设备及安装工程。本部分一般由泵站设备及安装工程、小水电站设备及安装工程、供变电工程和公用设备及安装工程四项组成。

(1)泵站设备及安装工程。包括水泵、电动机、主阀、起重设备、水力机械辅助设备、电气设备等设备及安装工程。

(2)小水电站设备及安装工程。其组成内容可参照枢纽工程的发电设备及安装工程和升压变电设备及安装工程。

(3)供变电工程。包括供电、变配电设备及安装工程。

(4)公用设备及安装工程。包括通信设备、通风采暖设备、机修设备、计算机监控系统、管理自动化系统、全厂接地及保护网,坝(闸、泵站)区馈电设备,厂坝(闸、泵站)区供水、排水、供热设备,水文、泥沙监测设备,水情自动测报系统设备,外部观测设备,消防设备,交通设备等设备及安装工程。

三、第三部分 金属结构设备及安装工程

指构成枢纽工程和其他水利工程固定资产的全部金属结构设备及安装工程。包括闸门、启闭机、拦污栅、升船机等设备及安装工程,压力钢管制作及安装工程和其他金属结构设备及安装工程。

金属结构设备及安装工程项目要与建筑工程项目相对应。

四、第四部分 施工临时工程

指为辅助主体工程施工所必须修建的生产和生活用临时性工程。本部分组成内容如下:

(1)导流工程。包括导流明渠、导流洞、施工围堰、蓄水期下

游断流补偿设施、金属结构设备及安装工程等。

（2）施工交通工程。包括施工现场内外为工程建设服务的临时交通工程，如公路、铁路、桥梁、施工支洞、码头、转运站等。

（3）施工场外供电工程。包括从现有电网向施工现场供电的高压输电线路（枢纽工程：35kV 及以上等级；引水工程及河道工程：10kV 及以上等级）和施工变（配）电设施（场内除外）工程。

（4）施工房屋建筑工程。指工程在建设过程中建造的临时房屋，包括施工仓库、办公及生活、文化福利建筑及所需的配套设施工程。

（5）其他施工临时工程。指除施工导流、施工交通、施工场外供电、施工房屋建筑、缆机平台以外的施工临时工程。主要包括施工供水（大型泵房及干管）、砂石料系统、混凝土拌和浇筑系统、大型机械安装拆卸、防汛、防冰、施工排水、施工通信、施工临时支护设施（含隧洞临时钢支撑）等工程。

五、第五部分　独立费用

本部分由建设管理费、生产准备费、科研勘测设计费、建设及施工场地征用费和其他五项组成。

（1）建设管理费。包括项目建设管理费、工程建设监理费和联合试运转费。

（2）生产准备费。包括生产及管理单位提前进厂费、生产职工培训费、管理用具购置费、备品备件购置费、工器具及生产家具购置费。

（3）科研勘测设计费。包括工程科学研究试验费和工程勘测设计费。

（4）建设及施工场地征用费。包括永久和临时征地所发生的费用。

（5）其他。包括定额编制管理费、工程质量监督费、工程保险费、其他税费。

第二篇 工程部分

第四章 项目划分

第一节 简 述

根据水利工程性质,其工程项目分别按枢纽工程、引水工程及河道工程划分,工程各部分下设一、二、三级项目。

第二、三级项目中,仅列示了代表性子目,编制概算时,二、三级项目可根据水利工程初步设计编制规程的工作深度要求和工程情况增减或再划分,以三级项目为例:

(1)土方开挖工程,应将土方开挖与砂砾石开挖分列;

(2)石方开挖工程,应将明挖与暗挖,平洞与斜井、竖井分列;

(3)土石方回填工程,应将土方回填与石方回填分列;

(4)混凝土工程,应将不同工程部位、不同标号、不同级配的混凝土分列;

(5)模板工程,应将不同规格形状和材质的模板分列;

(6)砌石工程,应将干砌石、浆砌石、抛石、铅丝(钢筋)笼块石等分列;

(7)钻孔工程,应按使用不同钻孔机械及钻孔的不同用途分列;

(8)灌浆工程,应按不同灌浆种类分列;

(9)机电、金属结构设备及安装工程,应根据设计提供的设备清单,按分项要求逐一列出;

(10)钢管制作及安装工程,应将不同管径的钢管、叉管分列。

第二节 项目划分

第一部分 建筑工程

I	枢纽工程			
序号	一级项目	二级项目	三级项目	技术经济指标
一	挡水工程			
1		混凝土坝(闸)工程		
			土方开挖	元/m³
			石方开挖	元/m³
			土石方回填	元/m³
			模板	元/m²
			混凝土	元/m³
			防渗墙	元/m²
			灌浆孔	元/m
			灌浆	
			排水孔	元/m
			砌石	元/m³
			钢筋	元/t
			锚杆	元/根
			锚索	元/束
			启闭机室	元/m²
			温控措施	
			细部结构工程	元/m³

序号	一级项目	二级项目	三级项目	技术经济指标
2		土(石)坝工程		
			土方开挖	元/m³
			石方开挖	元/m³
			土料填筑	元/m³
			砂砾料填筑	元/m³
			斜(心)墙土料填筑	元/m³
			反滤料、过渡料填筑	元/m³
			坝体(坝趾)堆石	元/m³
			土工膜	元/m²
			沥青混凝土	元/m³
			模板	元/m²
			混凝土	元/m³
			砌石	元/m³
			铺盖填筑	元/m³
			防渗墙	元/m²
			灌浆孔	元/m
			灌浆	
			排水孔	元/m
			钢筋	元/t
			锚索(杆)	元/束(根)
			面(趾)板止水	元/m
			细部结构工程	元/m³
二	泄洪工程			
1		溢洪道工程		
			土方开挖	元/m³

序号	一级项目	二级项目	三级项目	技术经济指标
2		泄洪洞工程	石方开挖	元/m³
			土石方回填	元/m³
			模板	元/m²
			混凝土	元/m³
			灌浆孔	元/m
			灌浆	
			排水孔	元/m
			砌石	元/m³
			钢筋	元/t
			锚索(杆)	元/束(根)
			温控措施	
			细部结构工程	元/m³
			土方开挖	元/m³
			石方开挖	元/m³
			模板	元/m²
			混凝土	元/m³
			灌浆孔	元/m
			灌浆	
			排水孔	元/m
			钢筋	元/t
			锚索(杆)	元/束(根)
			细部结构工程	元/m³

序号	一级项目	二级项目	三级项目	技术经济指标
3		冲砂洞(孔)工程		
			土方开挖	元/m³
			石方开挖	元/m³
			模板	元/m²
			混凝土	元/m³
			灌浆孔	元/m
			灌浆	
			排水孔	元/m
			钢筋	元/t
			锚索(杆)	元/束(根)
			细部结构工程	元/m³
4		放空洞工程		
三	引水工程			
1		引水明渠工程		
			土方开挖	元/m³
			石方开挖	元/m³
			模板	元/m²
			混凝土	元/m³
			钢筋	元/t
			锚索(杆)	元/束(根)
			细部结构工程	元/m³
2		进(取)水口工程		
			土方开挖	元/m³
			石方开挖	元/m³
			模板	元/m²

序号	一级项目	二级项目	三级项目	技术经济指标
			混凝土	元/m³
			钢筋	元/t
			锚索(杆)	元/束(根)
			细部结构工程	元/m³
3		引水隧洞工程		
			土方开挖	元/m³
			石方开挖	元/m³
			模板	元/m²
			混凝土	元/m³
			灌浆孔	元/m
			灌浆	
			钢筋	元/t
			锚索(杆)	元/束(根)
			细部结构工程	元/m³
4		调压井工程		
			土方开挖	元/m³
			石方开挖	元/m³
			模板	元/m²
			混凝土	元/m³
			喷浆	元/m²
			灌浆孔	元/m
			灌浆	
			钢筋	元/t
			锚索(杆)	元/束(根)
			细部结构工程	元/m³

序号	一级项目	二级项目	三级项目	技术经济指标
5		高压管道工程		
			土方开挖	元/m³
			石方开挖	元/m³
			模板	元/m²
			混凝土	元/m³
			灌浆孔	元/m
			灌浆	
			钢筋	元/t
			锚索(杆)	元/束(根)
			细部结构工程	元/m³
四	发电厂工程			
1		地面厂房工程		
			土方开挖	元/m³
			石方开挖	元/m³
			模板	元/m²
			混凝土	元/m³
			砖墙	元/m³
			砌石	元/m³
			灌浆孔	元/m
			灌浆	
			钢筋	元/t
			锚索(杆)	元/束(根)
			温控措施	
			厂房装修	元/m²
			细部结构工程	元/m³

序号	一级项目	二级项目	三级项目	技术经济指标
2		地下厂房工程		
			石方开挖	元/m³
			模板	元/m²
			混凝土	元/m³
			喷浆	元/m²
			灌浆孔	元/m
			灌浆	
			排水孔	元/m
			钢筋	元/t
			锚索(杆)	元/束(根)
			温控措施	
			厂房装修	元/m²
			细部结构工程	元/m³
3		交通洞工程		
			土方开挖	元/m³
			石方开挖	元/m³
			模板	元/m²
			混凝土	元/m³
			灌浆孔	元/m
			灌浆	
			钢筋	元/t
			锚索(杆)	元/束(根)
			细部结构工程	元/m³
4		出线洞(井)工程		
5		通风洞(井)工程		

序号	一级项目	二级项目	三级项目	技术经济指标
6		尾水洞工程		
7		尾水调压井工程		
8		尾水渠工程		
			土方开挖	元/m³
			石方开挖	元/m³
			模板	元/m²
			混凝土	元/m³
			砌石	元/m³
			钢筋	元/t
			细部结构工程	元/m³
五	升压变电站工程			
1		变电站工程		
			土方开挖	元/m³
			石方开挖	元/m³
			模板	元/m²
			混凝土	元/m³
			砌石	元/m³
			构架	元/m³(t)
			钢筋	元/t
			细部结构工程	元/m³
2		开关站工程		
			土方开挖	元/m³
			石方开挖	元/m³
			模板	元/m²

序号	一级项目	二级项目	三级项目	技术经济指标
			混凝土	元/m³
			砌石	元/m³
			构架	元/m³(t)
			钢筋	元/t
			细部结构工程	元/m³
六	航运工程			
1		上游引航道工程		
			土方开挖	元/m³
			石方开挖	元/m³
			模板	元/m²
			混凝土	元/m³
			砌石	元/m³
			钢筋	元/t
			锚索(杆)	元/束(根)
			细部结构工程	元/m³
2		船闸(升船机)工程		
			土方开挖	元/m³
			石方开挖	元/m³
			模板	元/m²
			混凝土	元/m³
			灌浆孔	元/m
			灌浆	
			防渗墙	元/m²
			钢筋	元/t
			锚索(杆)	元/束(根)

序号	一级项目	二级项目	三级项目	技术经济指标
			控制室	元/m²
			温控措施	
			细部结构工程	元/m³
3		下游引航道工程		
			土方开挖	元/m³
			石方开挖	元/m³
			模板	元/m²
			混凝土	元/m³
			砌石	元/m³
			钢筋	元/t
			锚索(杆)	元/束(根)
			细部结构工程	元/m³
七	鱼道工程			
八	交通工程			
1		公路工程		
			土方开挖	元/m³
			石方开挖	元/m³
			土石方回填	元/m³
			砌石	元/m³
			路面	
2		铁路工程		元/km
3		桥梁工程		元/延米
4		码头工程		
九	房屋建筑工程			
		辅助生产厂房		元/m²

序号	一级项目	二级项目	三级项目	技术经济指标
十	其他建筑工程	仓库		元/m²
		办公室		元/m²
		生活及文化福利建筑		
		室外工程		
		内外部观测工程		
		动力线路工程(厂坝区)		元/km
		照明线路工程		元/km
		通信线路工程		元/km
		厂坝区及生活区供水、供热、排水等公用设施		
		厂坝区环境建设工程		
		水情自动测报系统工程		
		其他		

II		引水工程及河道工程		
序号	一级项目	二级项目	三级项目	技术经济指标
一	渠(管)道工程(堤防工程、疏浚工程)			
1		※~※段干渠(管)工程(××~××段堤防工程、××~××段疏浚工程)		
			土方开挖(挖泥船挖土、砂)	元/m³
			石方开挖	元/m³

序号	一级项目	二级项目	三级项目	技术经济指标
			土石方回填	元/m³
			土工膜	元/m²
			模板	元/m²
			混凝土	元/m³
			输水管道	元/m
			砌石	元/m³
			抛石	元/m³
			钢筋	元/t
			细部结构工程	元/m³
2 二 1	建筑物工程	※~※段支渠(管)工程 泵站工程(扬水站、排灌站)		
			土方开挖	元/m³
			石方开挖	元/m³
			土石方回填	元/m³
			模板	元/m²
			混凝土	元/m³
			砌石	元/m³
			钢筋	元/t
			锚杆	元/根
			厂房建筑	元/m²
			细部结构工程	元/m³
2		水闸工程		
			土方开挖	元/m³

序号	一级项目	二级项目	三级项目	技术经济指标
3		隧洞工程	石方开挖	元/m³
			土石方回填	元/m³
			模板	元/m²
			混凝土	元/m³
			防渗墙	元/m²
			灌浆孔	元/m
			灌浆	
			砌石	元/m³
			钢筋	元/t
			启闭机室	元/m²
			细部结构工程	元/m³
			土方开挖	元/m³
			石方开挖	元/m³
			模板	元/m²
			混凝土	元/m³
			灌浆孔	元/m
			灌浆	
			钢筋	元/t
			锚索(杆)	元/束(根)
			细部结构工程	元/m³
4		渡槽工程	土方开挖	元/m³
			石方开挖	元/m³
			土石方回填	元/m³

序号	一级项目	二级项目	三级项目	技术经济指标
			模板	元/m²
			混凝土	元/m³
			砌石	元/m³
			钢筋	元/t
			细部结构工程	元/m³
5		倒虹吸工程		
			土方开挖	元/m³
			石方开挖	元/m³
			土石方回填	元/m³
			模板	元/m²
			混凝土	元/m³
			砌石	元/m³
			钢筋	元/t
			细部结构工程	元/m³
6		小水电站工程		
			土方开挖	元/m³
			石方开挖	元/m³
			土石方回填	元/m³
			模板	元/m²
			混凝土	元/m³
			砌石	元/m³
			钢筋	元/t
			锚筋	元/t
			厂房建筑	元/m²
			细部结构工程	元/m³

序号	一级项目	二级项目	三级项目	技术经济指标
7		调蓄水库工程		
8		其他建筑物工程		
三	交通工程			
1		公路工程		
			土方开挖	元/m³
			石方开挖	元/m³
			土石方回填	元/m³
			砌石	元/m³
			路面	
2		铁路工程		元/km
3		桥梁工程		元/延米
4		码头工程		
四	房屋建筑工程			
		辅助生产厂房		元/m²
		仓库		元/m²
		办公室		元/m²
		生活及文化福利建筑		
		室外工程		
五	供电设施工程			
六	其他建筑工程			
		内外部观测工程		
		照明线路工程		元/km
		通信线路工程		元/km
		厂坝(闸、泵站)区及生活区供水、供热、排水等公用设施		
		厂坝(闸、泵站)区环境建设工程		
		水情自动测报系统工程		
		其他		

第二部分 机电设备及安装工程

I		枢纽工程		
序号	一级项目	二级项目	三级项目	技术经济指标
一	发电设备及安装工程			
1		水轮机设备及安装工程		
			水轮机	元/台
			调速器	元/台
			油压装置	元/台
			自动化元件	元/台
			透平油	元/t
2		发电机设备及安装工程		
			发电机	元/台
			励磁装置	元/台套
3		主阀设备及安装工程		
			蝴蝶阀(球阀、锥形阀)	元/台
			油压装置	元/台
4		起重设备及安装工程		
			桥式起重机	元/台
			转子吊具	元/具
			平衡梁	元/付
			轨道	元/双10m
			滑触线	元/三相10m

序号	一级项目	二级项目	三级项目	技术经济指标
5		水力机械辅助设备及安装工程		
			油系统	
			压气系统	
			水系统	
			水力量测系统	
			管路(管子、附件、阀门)	
6		电气设备及安装工程		
			发电电压装置	
			控制保护系统	
			直流系统	
			厂用电系统	
			电工试验	
			35kV及以下动力电缆	
			控制和保护电缆	
			母线	
			电缆架	
			其他	
二	升压变电设备及安装工程			
1		主变压器设备及安装工程		
			变压器	元/台
			轨道	元/双10m

序号	一级项目	二级项目	三级项目	技术经济指标
2		高压电气设备及安装工程		
			高压断路器	
			电流互感器	
			电压互感器	
			隔离开关	
			（SF₆全封闭组合电器（GIS））	
			（高频阻波器）	
			（高压避雷器）	
			110kV及以上高压电缆	
3		一次拉线及其他安装工程		
三	公用设备及安装工程			
1		通信设备及安装工程		
			卫星通信	
			光缆通信	
			微波通信	
			载波通信	
			生产调度通信	
			行政管理通信	
2		通风采暖设备及安装工程		
			通风机	
			空调机	

序号	一级项目	二级项目	三级项目	技术经济指标
3		机修设备及安装工程	管路系统 车床 刨床 钻床	
4		计算机监控系统		
5		管理自动化系统		
6		全厂接地及保护网		
7		电梯设备及安装工程	大坝电梯 厂房电梯	
8		坝区馈电设备及安装工程	变压器 配电装置	
9		厂坝区供水、排水、供热设备及安装工程		
10		水文、泥沙监测设备及安装工程		
11		水情自动测报系统设备及安装工程		
12		外部观测设备及安装工程		
13		消防设备		
14		交通设备		

Ⅱ	引水工程及河道工程			
序号	一级项目	二级项目	三级项目	技术经济指标
一	泵站设备及安装工程			
1		水泵设备及安装工程		
2		电动机设备及安装工程		
3		主阀设备及安装工程		
4		起重设备及安装工程		
			桥式起重机	元/台
			平衡梁	元/付
			轨道	元/双10m
			滑触线	元/三相10m
5		水力机械辅助设备及安装工程		
			油系统	
			压气系统	
			水系统	
			水力量测系统	
			管路(管子、附件、阀门)	
6		电气设备及安装工程		
			控制保护系统	
			盘柜	
			电缆	
			母线	
二	小水电站设备及安装工程			

序号	一级项目	二级项目	三级项目	技术经济指标
三	供变电工程			
		变电站设备及安装		
四	公用设备及安装工程			
1		通信设备及安装工程		
			卫星通信	
			光缆通信	
			微波通信	
			载波通信	
			生产调度通信	
			行政管理通信	
2		通风采暖设备及安装工程		
			通风机	
			空调机	
			管路系统	
3		机修设备及安装工程		
			车床	
			刨床	
			钻床	
4		计算机监控系统		
5		管理自动化系统		
6		全厂接地及保护网		
7		坝(闸、泵站)区馈电设备及安装工程		
			变压器	

序号	一级项目	二级项目	三级项目	技术经济指标
			配电装置	
8		厂坝(闸、泵站)区供水、排水、供热设备及安装工程		
9		水文、泥沙监测设备及安装工程		
10		水情自动测报系统设备及安装工程		
11		外部观测设备及安装工程		
12		消防设备		
13		交通设备		

第三部分　金属结构设备及安装工程

I	枢纽工程			
序号	一级项目	二级项目	三级项目	技术经济指标
一	挡水工程			
1		闸门设备及安装工程		
			平板门	元/t
			弧形门	元/t
			埋件	元/t
			闸门防腐	
2		启闭设备及安装工程		
			卷扬式启闭机	元/台
			门式启闭机	元/台
			油压启闭机	元/台

序号	一级项目	二级项目	三级项目	技术经济指标
			轨道	元/双10m
3		拦污设备及安装工程		
			拦污栅	元/t
			清污机	元/t(台)
二	泄洪工程			
1		闸门设备及安装工程		
2		启闭设备及安装工程		
3		拦污设备及安装工程		
三	引水工程			
1		闸门设备及安装工程		
2		启闭设备及安装工程		
3		拦污设备及安装工程		
4		钢管制作及安装工程		
四	发电厂工程			
1		闸门设备及安装工程		
2		启闭设备及安装工程		
五	航运工程			
1		闸门设备及安装工程		
2		启闭设备及安装工程		
3		升船机设备及安装工程		
六	鱼道工程			

Ⅱ		引水工程及河道工程		
序号	一级项目	二级项目	三级项目	技术经济指标
一	泵站工程			
1		闸门设备及安装工程		
2		启闭设备及安装工程		
3		拦污设备及安装工程		
二	水闸工程			
1		闸门设备及安装工程		
2		启闭设备及安装工程		
3		拦污设备及安装工程		
三	小水电站工程			
1		闸门设备及安装工程		
2		启闭设备及安装工程		
3		拦污设备及安装工程		
4		钢管制作及安装工程		
四	调蓄水库工程			
五	其他建筑物工程			

第四部分　施工临时工程

序号	一级项目	二级项目	三级项目	技术经济指标
一	导流工程			
1		导流明渠工程		
			土方开挖	元/m³
			石方开挖	元/m³
			模板	元/m²
			混凝土	元/m³
			钢筋	元/t
			锚杆	元/根
2		导流洞工程		
			土方开挖	元/m³
			石方开挖	元/m³
			模板	元/m²
			混凝土	元/m³
			灌浆	
			钢筋	元/t
			锚杆(索)	元/根(束)
3		土石围堰工程		
			土方开挖	元/m³
			石方开挖	元/m³
			堰体填筑	元/m³
			砌石	元/m³
			防渗	元/m³(m²)
			堰体拆除	元/m³

序号	一级项目	二级项目	三级项目	技术经济指标
4		混凝土围堰工程	截流	
			其他	
			土方开挖	元/m³
			石方开挖	元/m³
			模板	元/m²
			混凝土	元/m³
			防渗	元/m³(m²)
			堰体拆除	元/m³
			其他	
5		蓄水期下游断流补偿设施工程		
6		金属结构设备及安装工程		
二	施工交通工程			
1		公路工程		元/km
2		铁路工程		元/km
3		桥梁工程		元/延米
4		施工支洞工程		
5		码头工程		
6		转运站工程		
三	施工供电工程			
1		220kV供电线路		元/km
2		110kV供电线路		元/km
3		35kV供电线路		元/km

序号	一级项目	二级项目	三级项目	技术经济指标
4		10kV供电线路(引水及河道)		元/km
5		变配电设施(场内除外)		元/座
四	房屋建筑工程			
1		施工仓库		
2		办公、生活及文化福利建筑		
五	其他施工临时工程			

注 凡永久与临时相结合的项目列入相应永久工程项目内。

第五部分 独立费用

序号	一级项目	二级项目	三级项目	技术经济指标
一	建设管理费			
1		项目建设管理费		
			建设单位开办费	
			建设单位经常费	
2		工程建设监理费		
3		联合试运转费		
二	生产准备费			
1		生产及管理单位提前进厂费		

序号	一级项目	二级项目	三级项目	技术经济指标
2		生产职工培训费		
3		管理用具购置费		
4		备品备件购置费		
5		工器具及生产家具购置费		
三	科研勘测设计费			
1		工程科学研究试验费		
2		工程勘测设计费		
四	建设及施工场地征用费			
五	其 他			
1		定额编制管理费		
2		工程质量监督费		
3		工程保险费		
4		其他税费		

第五章　费用构成

第一节　概　述

水利工程费用组成内容如下：

$$
\text{建设项目费用}
\begin{cases}
\text{工程费}
\begin{cases}
\text{建筑及安装工程费} \\
\text{设备费}
\end{cases} \\
\text{独立费用} \\
\text{预备费} \\
\text{建设期融资利息}
\end{cases}
$$

一、建筑及安装工程费

由直接工程费、间接费、企业利润和税金组成。

1.直接工程费

（1）直接费

（2）其他直接费

（3）现场经费

2.间接费

（1）企业管理费

（2）财务费用

（3）其他费用

3.企业利润

4.税金

（1）营业税

（2）城市维护建设税

（3）教育费附加

二、设备费

由设备原价、运杂费、运输保险费、采购及保管费组成。

1.设备原价

2.运杂费

3.运输保险费

4.采购及保管费

三、独立费用

由建设管理费、生产准备费、科研勘测设计费、建设及施工场地征用费和其他组成。

1.建设管理费

（1）项目建设管理费

（2）工程建设监理费

（3）联合试运转费

2.生产准备费

（1）生产及管理单位提前进厂费

（2）生产职工培训费

（3）管理用具购置费

（4）备品备件购置费

（5）工器具及生产家具购置费

3.科研勘测设计费

（1）工程科学研究试验费

（2）工程勘测设计费

4.建设及施工场地征用费

5.其他

（1）定额编制管理费

（2）工程质量监督费

（3）工程保险费

（4）其他税费

四、预备费

1.基本预备费

2.价差预备费

五、建设期融资利息

第二节　建筑及安装工程费

建筑及安装工程费由直接工程费、间接费、企业利润、税金组成。

一、直接工程费

指建筑安装工程施工过程中直接消耗在工程项目上的活劳动和物化劳动。由直接费、其他直接费、现场经费组成。

直接费包括人工费、材料费、施工机械使用费。

其他直接费包括冬雨季施工增加费、夜间施工增加费、特殊地区施工增加费和其他。

现场经费包括临时设施费和现场管理费。

（一）直接费

1.人工费

指直接从事建筑安装工程施工的生产工人开支的各项费用，内容包括：

（1）基本工资。由岗位工资和年功工资以及年应工作天数内非作业天数的工资组成。

①岗位工资。指按照职工所在岗位各项劳动要素测评结果确定的工资。

②年功工资。指按照职工工作年限确定的工资,随工作年限增加而逐年累加。

③生产工人年应工作天数以内非作业天数的工资,包括职工开会学习、培训期间的工资,调动工作、探亲、休假期间的工资,因气候影响的停工工资,女工哺乳期间的工资,病假在 6 个月以内的工资及产、婚、丧假期的工资。

（2）辅助工资。指在基本工资之外,以其他形式支付给职工的工资性收入,包括:根据国家有关规定属于工资性质的各种津贴,主要包括地区津贴、施工津贴、夜餐津贴、节日加班津贴等。

（3）工资附加费。指按照国家规定提取的职工福利基金、工会经费、养老保险费、医疗保险费、工伤保险费、职工失业保险基金和住房公积金。

2.材料费

指用于建筑安装工程项目上的消耗性材料、装置性材料和周转性材料摊销费。包括定额工作内容规定应计入的未计价材料和计价材料。

材料预算价格一般包括材料原价、包装费、运杂费、运输保险费和采购及保管费五项。

（1）材料原价。指材料指定交货地点的价格。

（2）包装费。指材料在运输和保管过程中的包装费和包装材料的折旧摊销费。

（3）运杂费。指材料从指定交货地点至工地分仓库或相当于工地分仓库(材料堆放场)所发生的全部费用。包括运输费、装卸费、调车费及其他杂费。

（4）运输保险费。指材料在运输途中的保险费。

(5)材料采购及保管费。指材料在采购、供应和保管过程中所发生的各项费用。主要包括材料的采购、供应和保管部门工作人员的基本工资、辅助工资、工资附加费、教育经费、办公费、差旅交通费及工具用具使用费;仓库、转运站等设施的检修费、固定资产折旧费、技术安全措施费和材料检验费;材料在运输、保管过程中发生的损耗等。

3.施工机械使用费

指消耗在建筑安装工程项目上的机械磨损、维修和动力燃料费用等。包括折旧费、修理及替换设备费、安装拆卸费、机上人工费和动力燃料费等。

(1)折旧费。指施工机械在规定使用年限内回收原值的台时折旧摊销费用。

(2)修理及替换设备费。修理费指施工机械使用过程中,为了使机械保持正常功能而进行修理所需的摊销费用和机械正常运转及日常保养所需的润滑油料、擦拭用品的费用,以及保管机械所需的费用。

替换设备费指施工机械正常运转时所耗用的替换设备及随机使用的工具附具等摊销费用。

(3)安装拆卸费。指施工机械进出工地的安装、拆卸、试运转和场内转移及辅助设施的摊销费用。部分大型施工机械的安装拆卸费不在其施工机械使用费中计列,包含在其他施工临时工程中。

(4)机上人工费。指施工机械使用时机上操作人员人工费用。

(5)动力燃料费。指施工机械正常运转时所耗用的风、水、电、油和煤等费用。

(二)其他直接费

1.冬雨季施工增加费

指在冬雨季施工期间为保证工程质量和安全生产所需增加的

费用。包括增加施工工序,增设防雨、保温、排水等设施增耗的动力、燃料、材料以及因人工、机械效率降低而增加的费用。

2.夜间施工增加费

指施工场地和公用施工道路的照明费用。

3.特殊地区施工增加费

指在高海拔和原始森林等特殊地区施工而增加的费用。

4.其他

包括施工工具用具使用费、检验试验费、工程定位复测、工程点交、竣工场地清理、工程项目及设备仪表移交生产前的维护观察费等。其中,施工工具用具使用费,指施工生产所需,但不属于固定资产的生产工具,检验、试验用具等的购置、摊销和维护费。检验试验费,指对建筑材料、构件和建筑安装物进行一般鉴定、检查所发生的费用,包括自设实验室所耗用的材料和化学药品费用,以及技术革新和研究试验费,不包括新结构、新材料的试验费和建设单位要求对具有出厂合格证明的材料进行试验、对构件进行破坏性试验,以及其他特殊要求检验试验的费用。

(三)现场经费

1.临时设施费

指施工企业为进行建筑安装工程施工所必需的但又未被划入施工临时工程的临时建筑物、构筑物和各种临时设施的建设、维修、拆除、摊销等费用。如:供风、供水(支线)、供电(场内)、夜间照明、供热系统及通信支线,土石料场,简易砂石料加工系统,小型混凝土拌和浇筑系统,木工、钢筋、机修等辅助加工厂,混凝土预制构件厂,场内施工排水,场地平整、道路养护及其他小型临时设施。

2.现场管理费

(1)现场管理人员的基本工资、辅助工资、工资附加费和劳动保护费。

(2)办公费。指现场办公用具、印刷、邮电、书报、会议、水、电、烧水和集体取暖(包括现场临时宿舍取暖)用燃料等费用。

(3)差旅交通费。指现场职工因公出差期间的差旅费、误餐补助费,职工探亲路费,劳动力招募费,职工离退休、退职一次性路费,工伤人员就医路费,工地转移费以及现场职工使用的交通工具、运行费、养路费及牌照费。

(4)固定资产使用费。指现场管理使用的属于固定资产的设备、仪器等的折旧、大修理、维修费或租赁费等。

(5)工具用具使用费。指现场管理使用的不属于固定资产的工具、器具、家具、交通工具和检验、试验、测绘、消防用具等的购置、维修和摊销费。

(6)保险费。指施工管理用财产、车辆保险费,高空、井下、洞内、水下、水上作业等特殊工种安全保险费等。

(7)其他费用。

二、间接费

指施工企业为建筑安装工程施工而进行组织与经营管理所发生的各项费用。它构成产品成本。由企业管理费、财务费用和其他费用组成。

(一)企业管理费

指施工企业为组织施工生产经营活动所发生的费用。内容包括:

(1)管理人员基本工资、辅助工资、工资附加费和劳动保护费。

(2)差旅交通费。指施工企业管理人员因公出差、工作调动的差旅费、误餐补助费,职工探亲路费,劳动力招募费,离退休职工一次性路费及交通工具油料、燃料、牌照、养路费等。

(3)办公费。指企业办公用具、印刷、邮电、书报、会议、水电、燃煤(气)等费用。

（4）固定资产折旧、修理费。指企业属于固定资产的房屋、设备、仪器等折旧及维修等费用。

（5）工具用具使用费。指企业管理使用不属于固定资产的工具、用具、家具、交通工具、检验、试验、消防等的摊销及维修费用。

（6）职工教育经费。指企业为职工学习先进技术和提高文化水平按职工工资总额计提的费用。

（7）劳动保护费。指企业按照国家有关部门规定标准发放给职工的劳动保护用品的购置费、修理费、保健费、防暑降温费、高空作业及进洞津贴、技术安全措施费以及洗澡用水、饮用水的燃料费等。

（8）保险费。指企业财产保险、管理用车辆等保险费用。

（9）税金。指企业按规定交纳的房产税、管理用车辆使用税、印花税等。

（10）其他。包括技术转让费、设计收费标准中未包括的应由施工企业承担的部分施工辅助工程设计费、投标报价费、工程图纸资料费及工程摄影费、技术开发费、业务招待费、绿化费、公证费、法律顾问费、审计费、咨询费等。

（二）财务费用

指施工企业为筹集资金而发生的各项费用，包括企业经营期间发生的短期融资利息净支出、汇兑净损失、金融机构手续费，企业筹集资金发生的其他财务费用，以及投标和承包工程发生的保函手续费等。

（三）其他费用

指企业定额测定费及施工企业进退场补贴费。

三、企业利润

指按规定应计入建筑、安装工程费用中的利润。

四、税金

指国家对施工企业承担建筑、安装工程作业收入所征收的营业税、城市维护建设税和教育费附加。

第三节　设备费

设备费包括设备原价、运杂费、运输保险费和采购及保管费。

一、设备原价

(1)国产设备,其原价指出厂价。

(2)进口设备,以到岸价和进口征收的税金、手续费、商检费及港口费等各项费用之和为原价。

(3)大型机组分瓣运至工地后的拼装费用,应包括在设备原价内。

二、运杂费

指设备由厂家运至工地安装现场所发生的一切运杂费用。包括运输费、调车费、装卸费、包装绑扎费、大型变压器充氮费及可能发生的其他杂费。

三、运输保险费

指设备在运输过程中的保险费用。

四、采购及保管费

指建设单位和施工企业在负责设备的采购、保管过程中发生的各项费用。主要包括:

(1)采购保管部门工作人员的基本工资、辅助工资、工资附加费、劳动保护费、教育经费、办公费、差旅交通费、工具用具使用费等。

（2）仓库、转运站等设施的运行费、维修费、固定资产折旧费、技术安全措施费和设备的检验、试验费等。

第四节　独立费用

独立费用由建设管理费、生产准备费、科研勘测设计费、建设及施工场地征用费和其他五项组成。

一、建设管理费

指建设单位在工程项目筹建和建设期间进行管理工作所需的费用。包括项目建设管理费、工程建设监理费和联合试运转费。

1.项目建设管理费

包括建设单位开办费和建设单位经常费。

（1）建设单位开办费。指新组建的工程建设单位，为开展工作所必须购置的办公及生活设施、交通工具等，以及其他用于开办工作的费用。

（2）建设单位经常费。包括建设单位人员经常费和工程管理经常费。

①建设单位人员经常费。指建设单位从批准组建之日起至完成该工程建设管理任务之日止，需开支的经常费用。主要包括工作人员的基本工资、辅助工资、工资附加费、劳动保护费、教育经费、办公费、差旅交通费、会议费、交通车辆使用费、技术图书资料费、固定资产折旧费、零星固定资产购置费、低值易耗品摊销费、工具用具使用费、修理费、水电费、采暖费等。

②工程管理经常费。指建设单位从筹建到竣工期间所发生的各种管理费用。包括该工程建设过程中用于资金筹措、召开董事

(股东)会议、视察工程建设所发生的会议和差旅等费用;建设单位为解决工程建设涉及到的技术、经济、法律等问题需要进行咨询所发生的费用;建设单位进行项目管理所发生的土地使用税、房产税、合同公证费、审计费、招标业务费等;施工期所需的水情、水文、泥沙、气象监测费和报汛费;工程验收费和由主管部门主持对工程设计进行审查、安全进行鉴定等费用;在工程建设过程中,必须派驻工地的公安、消防部门的补贴费以及其他属于工程管理性质开支的费用。

2.工程建设监理费

指在工程建设过程中聘任监理单位,对工程的质量、进度、安全和投资进行监理所发生的全部费用。包括监理单位为保证监理工作正常开展而必须购置的交通工具、办公及生活设备、检验试验设备以及监理人员的基本工资、辅助工资、工资附加费、劳动保护费、教育经费、办公费、差旅交通费、会议费、技术图书资料费、固定资产折旧费、零星固定资产购置费、低值易耗品摊销费、工具用具使用费、修理费、水电费、采暖费等。

3.联合试运转费

指水利工程的发电机组、水泵等安装完毕,在竣工验收前,进行整套设备带负荷联合试运转期间所需的各项费用。主要包括联合试运转期间所消耗燃料、动力、材料及机械使用费,工具用具购置费,施工单位参加联合试运转人员的工资等。

二、生产准备费

指水利建设项目的生产、管理单位为准备正常的生产运行或管理发生的费用。包括生产及管理单位提前进厂费、生产职工培训费、管理用具购置费、备品备件购置费和工器具及生产家具购置费。

1.生产及管理单位提前进厂费

指在工程完工之前,生产、管理单位有一部分工人、技术人员和管理人员提前进厂进行生产筹备工作所需的各项费用。内容包括提前进厂人员的基本工资、辅助工资、工资附加费、劳动保护费、教育经费、办公费、差旅交通费、会议费、技术图书资料费、零星固定资产购置费、低值易耗品摊销费、工具用具使用费、修理费、水电费、采暖费等,以及其他属于生产筹建期间应开支的费用。

2.生产职工培训费

指工程在竣工验收之前,生产及管理单位为保证生产、管理工作能顺利进行,需对工人、技术人员和管理人员进行培训所发生的费用。内容包括基本工资、辅助工资、工资附加费、劳动保护费、差旅交通费、实习费,以及其他属于职工培训应开支的费用。

3.管理用具购置费

指为保证新建项目的正常生产和管理所必须购置的办公和生活用具等费用。内容包括办公室、会议室、资料档案室、阅览室、文娱室、医务室等公用设施需要配置的家具器具。

4.备品备件购置费

指工程在投产运行初期,由于易损件损耗和可能发生的事故,而必须准备的备品备件和专用材料的购置费。不包括设备价格中配备的备品备件。

5.工器具及生产家具购置费

指按设计规定,为保证初期生产正常运行所必须购置的不属于固定资产标准的生产工具、器具、仪表、生产家具等的购置费。不包括设备价格中已包括的专用工具。

三、科研勘测设计费

指为工程建设所需的科研、勘测和设计等费用。包括工程科学研究试验费和工程勘测设计费。

1.工程科学研究试验费

指在工程建设过程中,为解决工程技术问题,而进行必要的科学研究试验所需的费用。

2.工程勘测设计费

指工程从项目建议书开始至以后各设计阶段发生的勘测费、设计费。

四、建设及施工场地征用费

指根据设计确定的永久、临时工程征地和管理单位用地所发生的征地补偿费用及应缴纳的耕地占用税等。主要包括征用场地上的林木、作物的赔偿,建筑物迁建及居民迁移费等。

五、其他

1.定额编制管理费

指为水利工程定额的测定、编制、管理等所需的费用。该项费用交由定额管理机构安排使用。

2.工程质量监督费

指为保证工程质量而进行的检测、监督、检查工作等费用。

3.工程保险费

指工程建设期间,为使工程能在遭受水灾、火灾等自然灾害和意外事故造成损失后得到经济补偿,而对建筑、设备及安装工程保险所发生的保险费用。

4.其他税费

指按国家规定应缴纳的与工程建设有关的税费。

第五节 预备费及建设期融资利息

一、预备费

预备费包括基本预备费和价差预备费。

1.基本预备费

主要为解决在工程施工过程中,经上级批准的设计变更和国家政策性变动增加的投资及为解决意外事故而采取的措施所增加的工程项目和费用。

2.价差预备费

主要为解决在工程项目建设过程中,因人工工资、材料和设备价格上涨以及费用标准调整而增加的投资。

二、建设期融资利息

根据国家财政金融政策规定,工程在建设期内需偿还并应计入工程总投资的融资利息。

第六章 编制方法及计算标准

第一节 基础单价编制

一、人工预算单价

(一)人工预算单价计算方法

1.基本工资

基本工资(元／工日)=基本工资标准(元／月)×地区工资系数×12月÷年应工作天数×1.068

2.辅助工资

(1)地区津贴(元／工日)=津贴标准(元／月)×12月÷年应工作天数×1.068

(2)施工津贴(元／工日)=津贴标准(元／天)×365天×95%÷年应工作天数×1.068

(3)夜餐津贴(元／工日)=(中班津贴标准+夜班津贴标准)÷2×(20%~30%)

(4)节日加班津贴(元／工日)=基本工资(元／工日)×3×10÷年应工作天数×35%

3.工资附加费

(1)职工福利基金(元／工日)=[基本工资(元／工日)+辅助工资(元／工日)]×费率标准(%)

(2)工会经费(元／工日)=[基本工资(元／工日)+辅助工资(元／工日)]×费率标准(%)

（3）养老保险费（元/工日）=［基本工资（元/工日）+辅助工资（元/工日）］×费率标准（%）

（4）医疗保险费（元/工日）=［基本工资（元/工日）+辅助工资（元/工日）］×费率标准（%）

（5）工伤保险费（元/工日）=［基本工资（元/工日）+辅助工资（元/工日）］×费率标准（%）

（6）职工失业保险基金（元/工日）=［基本工资（元/工日）+辅助工资（元/工日）］×费率标准（%）

（7）住房公积金（元/工日）=［基本工资（元/工日）+辅助工资（元/工日）］×费率标准（%）

4.人工工日预算单价

人工工日预算单价（元/工日）= 基本工资+辅助工资+工资附加费

5.人工工时预算单价

人工工时预算单价（元/工时）= 人工工日预算单价（元/工日）÷日工作时间（工时/工日）

注：①1.068 为年应工作天数内非工作天数的工资系数。②计算夜餐津贴时,式中百分数,枢纽工程取 30%,引水及河道工程取 20%。

（二）人工预算单价计算标准

1.有效工作时间

年应工作天数:251 工日;

日工作时间:8 工时/工日。

2.基本工资

根据国家有关规定和水利部水利企业工资制度改革办法,并结合水利工程特点,分别确定了枢纽工程、引水工程及河道工程六类工资区分级工资标准。按国家规定享受生活费补贴的特殊地区,可按有关规定计算,并计入基本工资。

(1)基本工资标准:

表1 基本工资标准表(六类工资区)

序　号	名　称	单　位	枢纽工程	引水工程及河道工程
1	工　长	元/月	550	385
2	高级工	元/月	500	350
3	中级工	元/月	400	280
4	初级工	元/月	270	190

(2)地区工资系数:根据劳动部规定,六类以上工资区的工资系数如下:

七类工资区　　　　1.0261

八类工资区　　　　1.0522

九类工资区　　　　1.0783

十类工资区　　　　1.1043

十一类工资区　　　1.1304

3.辅助工资标准

表2 辅助工资标准表

序号	项　目	枢纽工程	引水工程及河道工程
1	地区津贴	按国家、省、自治区、直辖市的规定	
2	施工津贴	5.3 元/天	3.5 元/天~5.3 元/天
3	夜餐津贴	4.5 元/夜班,3.5 元/中班	

注　初级工的施工津贴标准按表中数值的 50% 计取。

4.工资附加费标准

表3 工资附加费标准表

序号	项　目	费率标准(%)	
		工长、高中级工	初级工
1	职工福利基金	14	7
2	工会经费	2	1
3	养老保险费	按各省、自治区、直辖市规定	按各省、自治区、直辖市规定的50%
4	医疗保险费	4	2
5	工伤保险费	1.5	1.5
6	职工失业保险基金	2	1
7	住房公积金	按各省、自治区、直辖市规定	按各省、自治区、直辖市规定的50%

注 养老保险费率一般取20%以内,住房公积金费率一般取5%左右。

二、材料预算价格

1.主要材料预算价格。对于用量多、影响工程投资大的主要材料,如钢材、木材、水泥、粉煤灰、油料、火工产品、电缆及母线等,一般需编制材料预算价格。

计算公式为:

材料预算价格=(材料原价+包装费+运杂费)×(1+采购及保管费率)+运输保险费

(1)材料原价。按工程所在地区就近大的物资供应公司、材料交易中心的市场成交价或设计选定的生产厂家的出厂价计算。

(2)包装费。应按工程所在地区的实际资料及有关规定计算。

(3)运杂费。铁路运输按铁道部现行《铁路货物运价规则》及有关规定计算其运杂费。

公路及水路运输,按工程所在省、自治区、直辖市交通部门现行规定计算。

(4)运输保险费。按工程所在省、自治区、直辖市或中国人民保险公司的有关规定计算。

(5)采购及保管费。按材料运到工地仓库价格(不包括运输保险费)的3%计算。

2.其他材料预算价格可参考工程所在地区的工业与民用建筑安装工程材料预算价格或信息价格。

3.西藏等地区,部分材料运输距离较远、预算价格较高,应限价计入工程单价,余额以补差形式计算税金后列入本相应部分之后。

三、电、风、水预算价格

1.施工用电价格

施工用电价格由基本电价、电能损耗摊销费和供电设施维修摊销费组成,根据施工组织设计确定的供电方式以及不同电源的电量所占比例,按国家或工程所在省、自治区、直辖市规定的电网电价和规定的加价进行计算。

电价计算公式:

电网供电价格=基本电价÷(1-高压输电线路损耗率)÷(1-35kV以下变配电设备及配电线路损耗率)+供电设施维修摊销费(变配电设备除外)

$$\text{柴油发电机供电价格} \atop \text{(自设水泵供冷却水)} = \frac{\text{柴油发电机组(台)时总费用}+\text{水泵组(台)时总费用}}{\text{柴油发电机额定容量之和}\times K}$$

÷(1-厂用电率)÷(1-变配电设备及配电线路损耗率)+供电设施维修摊销费

柴油发电机供电如采用循环冷却水,不用水泵,电价计算公式为:

$$\text{柴油发电机供电价格} = \frac{\text{柴油发电机组(台)时总费用}}{\text{柴油发电机额定容量之和}\times K} ÷ (1-\text{厂用电率})$$

÷(1-变配电设备及配电线路损耗率)+单位循环冷却

水费+供电设施维修摊销费

式中 K——发电机出力系数,一般取 0.8~0.85;

厂用电率取 4%~6%;

高压输电线路损耗率取 4%~6%;

变配电设备及配电线路损耗率取 5%~8%;

供电设施维修摊销费取 0.02~0.03 元/(kW·h);

单位循环冷却水费取 0.03~0.05 元/(kW·h)。

2.施工用水价格

施工用水价格由基本水价、供水损耗和供水设施维修摊销费组成,根据施工组织设计所配置的供水系统设备组(台)时总费用和组(台)时总有效供水量计算。

水价计算公式:

$$施工用水价格 = \frac{水泵组(台)时总费用}{水泵额定容量之和 \times K} \div (1-供水损耗率) + 供水设施维修摊销费$$

式中 K——能量利用系数,取 0.75~0.85;

供水损耗率取 8%~12%;

供水设施维修摊销费取 0.02~0.03 元/m^3。

注:①施工用水为多级提水并中间有分流时,要逐级计算水价。②施工用水有循环用水时,水价要根据施工组织设计的供水工艺流程计算。

3.施工用风价格

施工用风价格由基本风价、供风损耗和供风设施维修摊销费组成,根据施工组织设计所配置的空气压缩机系统设备组(台)时总费用和组(台)时总有效供风量计算。

风价计算公式:

$$施工用风价格 = \frac{空气压缩机组(台)时总费用+水泵组(台)时总费用}{空气压缩机额定容量之和 \times 60 分钟 \times K} \div (1-供风损耗率) + 供风设施维修摊销费$$

空气压缩机系统如采用循环冷却水,不用水泵,则风价计算公式为:

$$施工用风价格 = \frac{空气压缩机组(台)时总费用}{空气压缩机额定容量之和 \times 60 分钟 \times K}$$

$$\div (1-供风损耗率) + 单位循环冷却水费 + 供风设施维修摊销费$$

式中　　K——能量利用系数,取 $0.70 \sim 0.85$;

供风损耗率取 $8\% \sim 12\%$;

单位循环冷却水费 0.005 元/m^3;

供风设施维修摊销费 $0.002 \sim 0.003$ 元/m^3。

四、施工机械使用费

施工机械使用费应根据《水利工程施工机械台时费定额》及有关规定计算。对于定额缺项的施工机械,可补充编制台时费定额。

五、砂石料单价

水利工程砂石料由承包商自行采备时,砂石料单价应根据料源情况、开采条件和工艺流程计算,并计入直接工程费、间接费、企业利润及税金。

砂、碎石(砾石)、块石、料石等预算价格控制在 70 元/m^3 左右,超过部分计取税金后列入相应部分之后。

六、混凝土材料单价

根据设计确定的不同工程部位的混凝土标号、级配和龄期,分别计算出每立方米混凝土材料单价,计入相应的混凝土工程概算单价内。其混凝土配合比的各项材料用量,应根据工程试验提供的资料计算,若无试验资料时,也可参照《水利建筑工程概算定额》附录混凝土材料配合表计算。

第二节　建筑、安装工程单价编制

一、建筑工程单价

1.直接工程费

（1）直接费

人工费＝定额劳动量（工时）×人工预算单价（元／工时）

材料费＝定额材料用量×材料预算单价

机械使用费＝定额机械使用量（台时）×施工机械台时费（元／台时）

（2）其他直接费＝直接费×其他直接费率之和

（3）现场经费＝直接费×现场经费费率之和

2.间接费

间接费＝直接工程费×间接费率

3.企业利润

企业利润＝（直接工程费+间接费）×企业利润率

4.税金

税金＝（直接工程费+间接费+企业利润）×税率

5.建筑工程单价

建筑工程单价＝直接工程费+间接费+企业利润+税金

二、安装工程单价

（一）实物量形式的安装单价

1.直接工程费

（1）直接费

人工费＝定额劳动量（工时）×人工预算单价（元／工时）

材料费＝定额材料用量×材料预算单价

机械使用费＝定额机械使用量(台时)×施工机械台时费(元/
　　　　台时)

(2)其他直接费＝直接费×其他直接费率之和

(3)现场经费＝人工费×现场经费费率之和

2.间接费

间接费＝人工费×间接费率

3.企业利润

企业利润＝(直接工程费+间接费)×企业利润率

4.未计价装置性材料费

未计价装置性材料费＝未计价装置性材料用量×材料预算单
　　　　价

5.税金

税金＝(直接工程费+间接费+企业利润+未计价装置性材料
　　　费)×税率

6.安装单价

单价＝直接工程费+间接费+企业利润+未计价装置性材料费
　　　+税金

(二)费率形式的安装单价

1.直接工程费

(1)直接费

人工费＝定额人工费(％)×设备原价

材料费＝定额材料费(％)×设备原价

装置性材料费＝定额装置性材料费(％)×设备原价

机械使用费＝定额机械使用费(％)×设备原价

(2)其他直接费＝直接费×其他直接费率之和

(3)现场经费＝人工费×现场经费费率之和

2.间接费

间接费＝人工费×间接费率

3.企业利润

企业利润＝(直接工程费+间接费)×企业利润率

4.税金

税金＝(直接工程费+间接费+企业利润)×税率

5.安装单价

单价＝直接工程费+间接费+企业利润+税金

三、其他直接费

1.冬雨季施工增加费

计算方法:根据不同地区,按直接费的百分率计算。

西南、中南、华东区	0.5%～1.0%
华北区	1.0%～2.5%
西北、东北区	■2.5%～4.0%

西南、中南、华东区中,按规定不计冬季施工增加费的地区取小值,计算冬季施工增加费的地区可取大值;华北区中,内蒙古等较严寒地区可取大值,其他地区取中值或小值;西北、东北区中,陕西、甘肃等省取小值,其他地区可取中值或大值。

2.夜间施工增加费

按直接费的百分率计算,其中建筑工程为 0.5%,安装工程为0.7%。

照明线路工程费用包括在"临时设施费"中;施工附属企业系统、加工厂、车间的照明,列入相应的产品中,均不包括在本项费用之内。

3.特殊地区施工增加费

指在高海拔和原始森林等特殊地区施工而增加的费用,其中高海拔地区的高程增加费,按规定直接进入定额;其他特殊增加费(如酷热、风沙),应按工程所在地区规定的标准计算,地方没有规定的不得计算此项费用。

4.其他

按直接费的百分率计算。其中,建筑工程为 1.0%,安装工程为 1.5%。

四、现场经费

根据工程性质不同现场经费标准分为枢纽工程、引水工程及河道工程两部分标准。对于有些施工条件复杂、大型建筑物较多的引水工程可执行枢纽工程的费率标准。

1.枢纽工程现场经费标准

表 4　　　　　　枢纽工程现场经费费率表

序号	工程类别	计算基础	现场经费费率(%)		
			合计	临时设施费	现场管理费
一	建筑工程				
1	土石方工程	直接费	9	4	5
2	砂石备料工程(自采)	直接费	2	0.5	1.5
3	模板工程	直接费	8	4	4
4	混凝土浇筑工程	直接费	8	4	4
5	钻孔灌浆及锚固工程	直接费	7	3	4
6	其他工程	直接费	7	3	4
二	机电、金属结构设备安装工程	人工费	45	20	25

工程类别划分:

(1)土石方工程:包括土石方开挖与填筑、砌石、抛石工程等;

(2)砂石备料工程:包括天然砂砾料和人工砂石料开采加工;

(3)模板工程:包括现浇各种混凝土时制作及安装的各类模板工程;

(4)混凝土浇筑工程:包括现浇和预制各种混凝土、钢筋制作安装、伸缩缝、止水、防水层、温控措施等;

（5）钻孔灌浆及锚固工程:包括各种类型的钻孔灌浆、防渗墙及锚杆(索)、喷浆(混凝土)工程等;

（6）其他工程:指除上述工程以外的工程。

2.引水工程及河道工程现场经费标准

表5　　　　　引水工程及河道工程现场经费费率表

序号	工程类别	计算基础	现场经费费率(％)		
			合计	临时设施费	现场管理费
一	建筑工程				
1	土方工程	直接费	4	2	2
2	石方工程	直接费	6	2	4
3	模板工程	直接费	6	3	3
4	混凝土浇筑工程	直接费	6	3	3
5	钻孔灌浆及锚固工程	直接费	7	3	4
6	疏浚工程	直接费	5	2	3
7	其他工程	直接费	5	2	3
二	机电、金属结构设备安装工程	人工费	45	20	25

注　若自采砂石料,则费率标准同枢纽工程。

工程类别划分:

（1）除疏浚工程外,其余均与枢纽工程相同;

（2）疏浚工程,指用挖泥船、水力冲挖机组等机械疏浚江河、湖泊的工程。

五、间接费

根据工程性质不同间接费标准分为枢纽工程、引水工程及河道工程两部分标准。对于有些施工条件复杂、大型建筑物较多的引水工程可执行枢纽工程的费率标准。

1.枢纽工程间接费标准

表6 枢纽工程间接费费率表

序号	工程类别	计算基础	间接费费率(%)
一	建筑工程		
1	土石方工程	直接工程费	9(8)
2	砂石备料工程(自采)	直接工程费	6
3	模板工程	直接工程费	6
4	混凝土浇筑工程	直接工程费	5
5	钻孔灌浆及锚固工程	直接工程费	7
6	其他工程	直接工程费	7
二	机电、金属结构设备安装工程	人工费	50

注 ①工程类别划分同现场经费。

②若土石方填筑等工程项目所利用原料为已计取现场经费、间接费、企业利润和税金的砂石料,则其间接费率选取括号中数值。

2.引水工程及河道工程间接费标准

表7 引水工程及河道工程间接费费率表

序号	工程类别	计算基础	间接费费率(%)
一	建筑工程		
1	土方工程	直接工程费	4
2	石方工程	直接工程费	6
3	模板工程	直接工程费	6
4	混凝土浇筑工程	直接工程费	4
5	钻孔灌浆及锚固工程	直接工程费	7
6	疏浚工程	直接工程费	5
7	其他工程	直接工程费	5
二	机电、金属结构设备安装工程	人工费	50

注 ①工程类别划分同现场经费。

②若工程自采砂石料,则费率标准同枢纽工程。

六、企业利润

按直接工程费和间接费之和的 7% 计算。

七、税金

为了计算简便,在编制概算时,可按下列公式和税率计算:

税金=(直接工程费+间接费+企业利润)×税率

(若安装工程中含未计价装置性材料费,则计算税金时应计入未计价装置性材料费)

税率标准:

建设项目在市区的:3.41%;

建设项目在县城镇的:3.35%;

建设项目在市区或县城镇以外的:3.22%。

第三节　分部工程概算编制

第一部分　建筑工程

建筑工程按主体建筑工程、交通工程、房屋建筑工程、外部供电线路工程、其他建筑工程分别采用不同的方法编制。

一、主体建筑工程

(1)主体建筑工程概算按设计工程量乘以工程单价进行编制。

(2)主体建筑工程量应根据《水利工程设计工程量计算规则》,按项目划分要求,计算到三级项目。

(3)当设计对混凝土施工有温控要求时,应根据温控措施设计、计算温控措施费用;也可以经过分析确定指标后,按建筑物混凝土方量进行计算。

(4)细部结构工程。参照水工建筑工程细部结构指标表确定,见表8。

表8　　　　　　　水工建筑工程细部结构指标表

项目名称	混凝土重力坝、重力拱坝、宽缝重力坝、支墩坝	混凝土双曲拱坝	土坝、堆石坝	水闸	冲砂闸、泄洪闸
单位	元/m³(坝体方)	元/m³(坝体方)	元/m³(坝体方)	元/m³(混凝土)	元/m³(混凝土)
综合指标	11.9	12.6	0.84	35	30.8
项目名称	进水口进水塔	溢洪道	隧洞	竖井调压井	高压管道
单位	元/m³(混凝土)	元/m³(混凝土)	元/m³(混凝土)	元/m³(混凝土)	元/m³(混凝土)
综合指标	14	13.3	11.2	14	3.0
项目名称	地面厂房	地下厂房	地面升压变电站	地下升压变电站	船闸	明渠(衬砌)
单位	元/m³(混凝土)	元/m³(混凝土)	元/m³(混凝土)	元/m³(混凝土)	元/m³(混凝土)	元/m³(混凝土)
综合指标	27.3	42	24.5	15.4	21.7	6.2

注　表中综合指标包括多孔混凝土排水管、廊道木模制作与安装、止水工程、伸缩缝工程、接缝灌浆管路、冷却水管路、栏杆、路面工程、照明工程、爬梯、通气管道、坝基渗水处理、排水工程、排水渗井钻孔及反滤料、坝坡踏步、孔洞钢盖板、厂房内上下水工程、防潮层、建筑钢材及其他细部结构工程。

二、交通工程

交通工程投资按设计工程量乘以单价进行计算,也可根据工程所在地区造价指标或有关实际资料,采用扩大单位指标编制。

三、房屋建筑工程

(1)水利工程的永久房屋建筑面积,用于生产和管理办公的部分,由设计单位按有关规定,结合工程规模确定;用于生活文化福利建筑工程的部分,在考虑国家现行房改政策的情况下,按主体建筑工程投资的百分率计算:

枢纽工程

50000 万元≥投资	1.5%~2.0%
100000 万元≥投资>50000 万元	1.1%~1.5%
100000 万元<投资	0.8%~1.1%
引水及河道工程	0.5%~0.8%

注:在每档中,投资小或工程位置偏远者取大值;反之,取小值。

(2)室外工程投资,一般按房屋建筑工程投资的 10%~15%计算。

四、供电线路工程

根据设计的电压等级、线路架设长度及所需配备的变配电设施要求,采用工程所在地区造价指标或有关实际资料计算。

五、其他建筑工程

(1)内外部观测工程按建筑工程属性处理。内外部观测工程项目投资应按设计资料计算。如无设计资料时,可根据坝型或其他工程型式,按照主体建筑工程投资的百分率计算:

当地材料坝	0.9%~1.1%
混凝土坝	1.1%~1.3%
引水式电站(引水建筑物)	1.1%~1.3%
堤防工程	0.2%~0.3%

(2)动力线路、照明线路、通信线路等工程投资按设计工程量乘以单价或采用扩大单位指标编制。

(3)其余各项按设计要求分析计算。

第二部分 机电设备及安装工程

机电设备及安装工程投资由设备费和安装工程费两部分组成。

一、设备费

1.设备原价

以出厂价或设计单位分析论证后的询价为设备原价。

2.运杂费

分主要设备运杂费和其他设备运杂费,均按占设备原价的百分率计算。

(1)主要设备运杂费率:

表9　　　　　　　　　主要设备运杂费率表(%)

设备分类	铁　路		公　路		公路直达基本费率
	基本运距1000km	每增运500km	基本运距50km	每增运10km	
水轮发电机组	2.21	0.40	1.06	0.10	1.01
主阀、桥机	2.99	0.70	1.85	0.18	1.33
主变压器					
120000kVA 及以上	3.50	0.56	2.80	0.25	1.20
120000kVA 以下	2.97	0.56	0.92	0.10	1.20

设备由铁路直达或铁路、公路联运时,分别按里程求得费率后叠加计算;如果设备由公路直达,应按公路里程计算费率后,再加公路直达基本费率。

（2）其他设备运杂费率：

表10　　　　　　　　　　其他设备运杂费率表

类别	适 用 地 区	费率(%)
I	北京、天津、上海、江苏、浙江、江西、安徽、湖北、湖南、河南、广东、山西、山东、河北、陕西、辽宁、吉林、黑龙江等省、直辖市	4~6
II	甘肃、云南、贵州、广西、四川、重庆、福建、海南、宁夏、内蒙古、青海等省、自治区、直辖市	6~8

工程地点距铁路线近者费率取小值，远者取大值。新疆、西藏地区的费率在表中未包括，可视具体情况另行确定。

3.运输保险费

按有关规定计算。

4.采购及保管费

按设备原价、运杂费之和的0.7%计算。

5.运杂综合费率

运杂综合费率=运杂费率+(1+运杂费率)×采购及保管费率
　　　　　　+运输保险费率

上述运杂综合费率，适用于计算国产设备运杂费。国产设备运杂综合费率乘以相应国产设备原价占进口设备原价的比例系数，即为进口设备国内段运杂综合费率。

6.交通工具购置费

工程竣工后，为保证建设项目初期生产管理单位正常运行必须配备生产、生活、消防车辆和船只。

计算方法：按表中所列设备数量和国产设备出厂价格加车船附加费、运杂费计算。

表 11　　　　　　　　　交通工具购置指标表

工程类别			设备名称及数量(辆、艘)									
			轿车	载重汽车	工具车	面包车	消防车	越野车	大客车	汽船	机动船	驳船
枢纽工程	大(1)型		2	3	1	2	1	2	1	2	2	
	大(2)型		2	2	1	1	1	1	1	1	2	
大型引水工程	线路长度	>300km	2	8	6	6		3	3			
		100~300km	1	6	4	3		2	2			
		≤100km		3	2	2		1	1			
大型灌区或排涝工程	灌排面积	>150万亩	1	6	5	5		2	2			
		50万~150万亩	1	2	2	2		1	1			
堤防工程	管理单位级别	1	1	6		2		2	1	1	2	2
		2	2	2		1		1	1		1	1
		3	3	1		1		1				

注　堤防工程的管理单位级别请参照水科技〔1996〕414 号文《堤防工程管理设计规范》。

二、安装工程费

安装工程投资按设备数量乘以安装单价进行计算。

第三部分　金属结构设备及安装工程

编制方法同第二部分机电设备及安装工程。

第四部分　施工临时工程

一、导流工程

按设计工程量乘以工程单价进行计算。

二、施工交通工程

按设计工程量乘以单价进行计算,也可根据工程所在地区造价指标或有关实际资料,采用扩大单位指标编制。

三、施工场外供电工程

根据设计的电压等级、线路架设长度及所需配备的变配电设施要求,采用工程所在地区造价指标或有关实际资料计算。

四、施工房屋建筑工程

包括施工仓库和办公、生活及文化福利建筑两部分。施工仓库,指为工程施工而临时兴建的设备、材料、工器具等仓库;办公、生活及文化福利建筑,指施工单位、建设单位(包括监理)及设计代表在工程建设期所需的办公室、宿舍、招待所和其他文化福利设施等房屋建筑工程。

不包括列入临时设施和其他施工临时工程项目内的电、风、水、通信系统,砂石料系统,混凝土拌和及浇筑系统,木工、钢筋、机修等辅助加工厂,混凝土预制构件厂,混凝土制冷、供热系统,施工排水等生产用房。

(1)施工仓库。建筑面积由施工组织设计确定,单位造价指标根据当地生活福利建筑的相应造价水平确定。

(2)办公、生活及文化福利建筑:

①枢纽工程和大型引水工程,按下列公式计算:

$$I = \frac{A \cdot U \cdot P}{N \cdot L} \cdot K_1 \cdot K_2 \cdot K_3$$

式中 I——房屋建筑工程投资;

A——建安工作量,按工程一至四部分建安工作量(不包括办公、生活及文化福利建筑和其他施工临时工程)之和乘以(1+其他施工临时工程百分率)计算;

U——人均建筑面积综合指标,按 $12 \sim 15m^2$/人标准计算;

P——单位造价指标,参考工程所在地区的永久房屋造价指标(元/m^2)计算;

N——施工年限,按施工组织设计确定的合理工期计算;

L——全员劳动生产率,一般不低于 $60000 \sim 100000$ 元/(人·年),

施工机械化程度高取大值,反之取小值;

K_1——施工高峰人数调整系数,取 1.10;

K_2——室外工程系数,取 $1.10 \sim 1.15$,地形条件差的可取大值,反之取小值;

K_3——单位造价指标调整系数,按不同施工年限,采用表 12 中的调整系数。

表 12　　　　　　　　单位造价指标调整系数表

工　　期	系　　数
2 年以内	0.25
2~3 年	0.40
3~5 年	0.55
5~8 年	0.70
8~11 年	0.80

②河湖整治工程、灌溉工程、堤防工程、改扩建与加固工程按一至四部分建安工作量的百分率计算(表 13)。

表 13

工 期	百 分 率
≤3 年	1.5%~2.0%
>3 年	1.0%~1.5%

五、其他施工临时工程

按工程一至四部分建安工作量(不包括其他施工临时工程)之和的百分率计算。

(1)枢纽工程和引水工程为 3.0%~4.0%;

(2)河道工程为 0.5%~1%。

第五部分 独立费用

一、建设管理费

(一)项目建设管理费

1.建设单位开办费

对于新建工程,其开办费根据建设单位开办费标准和建设单位定员来确定。对于改扩建与加固工程,原则上不计建设单位开办费。

(1)建设单位开办费标准

表 14　　　　　　　　建设单位开办费标准

建设单位人数	20 人以下	21~40 人	41~70 人	71~140 人	140 人以上
开办费(万元)	120	120~220	220~350	350~700	700~850

注　①引水及河道工程按总工程计算,不得分段分别计算。

　　②定员人数在两个数之间的,开办费由内插法求得。

（2）建设单位定员标准

表 15   建设单位定员表

工程类别及规模			定员人数
特大型工程	如南水北调		140 以上
综合利用的水利枢纽工程	大（1）型	总库容>10 亿 m³	70~140
	大（2）型	总库容 1 亿~10 亿 m³	40~70
枢纽工程 以发电为主的枢纽工程	200 万 kW 以上		90~120
	150 万~200 万 kW		70~90
	100 万~150 万 kW		55~70
	50 万~100 万 kW		40~55
	30 万~50 万 kW		30~40
	30 万 kW		20~30
枢纽扩建及加固工程	大型	总库容>1 亿 m³	21~35
	中型	总库容 0.1 亿~1 亿 m³	14~21
引水及河道工程 大型引水工程	线路总长 >300km		84~140
	线路总长 100~300km		56~84
	线路总长 ≤100km		28~56
大型灌溉或排涝工程	灌溉或排涝面积 >150 万亩		56~84
	灌溉或排涝面积 50 万~150 万亩		28~56
大江大河整治及堤防加固工程	河道长度 >300km		42~56
	河道长度 100~300km		28~42
	河道长度 ≤100km		14~28

注 ①当大型引水、灌溉或排涝、大江大河整治及堤防加固工程包含有较多的泵站、水闸、船闸时，定员可适当增加。
　　②本定员只作为计算建设单位开办费和建设单位人员经常费的依据。
　　③工程施工条件复杂者，取大值；反之，取小值。

2.建设单位经常费

（1）建设单位人员经常费。根据建设单位定员、费用指标和经常费用计算期进行计算。

编制概算时，应根据工程所在地区和编制年的基本工资、辅助工资、工资附加费、劳动保护费以及费用标准调整"六类（北京）地区建设单位人员经常费用指标表"中的费用。

计算公式为：

建设单位人员经常费 = 费用指标(元/(人·年))×定员人数×经常费用计算期(年)

①枢纽、引水工程费用指标：

表16　　　　六类(北京)地区建设单位人员经常费用指标表

序号	项目	计算公式	金额(元/(人·年))
1	基本工资		6420
	工人	400元/月×12月×10%	480
	干部	550元/月×12月×90%	5940
2	辅助工资		2446
	地区津贴	北京地区无	
	施工津贴	5.3元/天×365×0.95	1838
	夜餐津贴	4.5元/工日×251工日×30%	339
	节日加班津贴	6420÷251×10×3×35%	269
3	工资附加费		4432
	职工福利基金	1~2项之和8866元的14%	1241
	工会经费	1~2项之和8866元的2%	177
	职工教育经费	1~2项之和8866元的1.5%	133
	养老保险费	1~2项之和8866元的20%	1773
	医疗保险费	1~2项之和8866元的4%	355
	工伤保险费	1~2项之和8866元的1.5%	133
	职工失业保险基金	1~2项之和8866元的2%	177
	住房公积金	1~2项之和8866元的5%	443
4	劳动保护费	基本工资6420元的12%	770
5	小计		14068
6	其他费用	1~4项之和14068元×180%	25322
7	合计		39390

注　工期短或施工条件简单的引水工程费用指标应按河道工程费用指标执行。

②河道工程费用指标：

表 17　六类(北京)地区建设单位人员经常费用指标表

序号	项目	计算公式	金额(元/(人·年))
1	基本工资		4494
	工人	280 元/月×12 月×10%	336
	干部	385 元/月×12 月×90%	4158
2	辅助工资		1628
	地区津贴	北京地区无	
	施工津贴	3.5 元/天×365×0.95	1214
	夜餐津贴	4.5 元/工日×251 工日×20%	226
	节日加班津贴	4494÷251×10×3×35%	188
3	工资附加费		3060
	职工福利基金	1~2 项之和 6122 元的 14%	857
	工会经费	1~2 项之和 6122 元的 2%	122
	职工教育经费	1~2 项之和 6122 元的 1.5%	92
	养老保险费	1~2 项之和 6122 元的 20%	1224
	医疗保险费	1~2 项之和 6122 元的 4%	245
	工伤保险费	1~2 项之和 6122 元的 1.5%	92
	职工失业保险基金	1~2 项之和 6122 元的 2%	122
	住房公积金	1~2 项之和 6122 元的 5%	306
4	劳动保护费	基本工资 4494 元的 12%	539
5	小计		9721
6	其他费用	1~4 项之和 9721 元×180%	17498
7	合计		27219

③经常费用计算期。根据施工组织设计确定的施工总进度和总工期,建设单位人员从工程筹建之日起,至工程竣工之日加六个月止,为经常费用计算期。其中:大型水利枢纽工程、大型引水工程、灌溉或排涝面积大于 150 万亩工程等的筹建期 1~2 年,其他

工程 0.5~1 年。

(2)工程管理经常费。枢纽工程及引水工程一般按建设单位开办费和建设单位人员经常费之和的 35%~40% 计取。改扩建与加固工程、堤防及疏浚工程按 20% 计取。

(二)工程建设监理费

按照国家及省、自治区、直辖市计划(物价)部门有关规定计收。

(三)联合试运转费

费用指标见表 18。

表 18　　　　　　　　联合试运转费用指标表

水电站工程	单机容量(万 kW)	≤1	≤2	≤3	≤4	≤5	≤6	≤10	≤20	≤30	≤40	>40
	费用(万元/台)	3	4	5	6	7	8	9	11	12	16	22
泵站工程	电力泵站	每千瓦 25~30 元										

二、生产准备费

1.生产及管理单位提前进厂费

枢纽工程按一至四部分建安工作量的 0.2%~0.4% 计算,大(1)型工程取小值,大(2)型工程取大值。

引水和灌溉工程视工程规模参照枢纽工程计算。

改扩建与加固工程、堤防及疏浚工程原则上不计此项费用,若工程中含有新建大型泵站、船闸等建筑物,按建筑物的建安工作量参照枢纽工程费率适当计列。

2.生产职工培训费

枢纽工程按一至四部分建安工作量的 0.3%~0.5% 计算,大

（1）型工程取小值，大（2）型工程取大值。

引水工程和灌溉工程视工程规模参照枢纽工程计算。

改扩建与加固工程、堤防及疏浚工程原则上不计此项费用，若工程中含有新建大型泵站、船闸等建筑物，按建筑物建安工作量参照枢纽工程费率适当计列。

3.管理用具购置费

枢纽工程按一至四部分建安工作量的 0.02% ~ 0.08% 计算，大（1）型工程取小值，大（2）型工程取大值。

引水工程及河道工程按建安工作量的 0.02% ~ 0.03% 计算。

4.备品备件购置费

按占设备费的 0.4% ~ 0.6% 计算。大（1）型工程取下限，其他工程取中、上限。

注：①设备费应包括机电设备、金属结构设备以及运杂费等全部设备费。②电站、泵站同容量、同型号机组超过一台时，只计算一台的设备费。

5.工器具及生产家具购置费

按占设备费的 0.08% ~ 0.2% 计算。枢纽工程取下限，其他工程取中、上限。

三、科研勘测设计费

1.工程科学研究试验费

按工程建安工作量的百分率计算。其中：枢纽和引水工程取 0.5%；河道工程取 0.2%。

2.工程勘测设计费

按照国家计委、建设部计价格〔2002〕10 号文件规定执行。

四、建设及施工场地征用费

具体编制方法和计算标准参照移民和环境部分概算编制规定

执行。

五、其他

1.定额编制管理费

按照国家及省、自治区、直辖市计划(物价)部门有关规定计收。

2.工程质量监督费

按照国家及省、自治区、直辖市计划(物价)部门有关规定计收。

3.工程保险费

按工程一至四部分投资合计的 4.5‰~5.0‰计算。

4.其他税费

按国家有关规定计取。

第四节　分年度投资及资金流量

一、分年度投资

分年度投资是根据施工组织设计确定的施工进度和合理工期而计算出的工程各年度预计完成的投资额。

1.建筑工程

(1)建筑工程分年度投资表应根据施工进度的安排,对主要工程按各单项工程分年度完成的工程量和相应的工程单价计算。对于次要的和其他工程,可根据施工进度,按各年所占完成投资的比例,摊入分年度投资表。

(2)建筑工程分年度投资的编制至少应按二级项目中的主要工程项目分别反映各自的建筑工作量。

2.设备及安装工程

设备及安装工程分年度投资应根据施工组织设计确定的设备安装进度计算各年预计完成的设备费和安装费。

3.费用

根据费用的性质和费用发生的时段,按相应年度分别进行计算。

二、资金流量

资金流量是为满足工程项目在建设过程中各时段的资金需求,按工程建设所需资金投入时间计算的各年度使用的资金量。资金流量表的编制以分年度投资表为依据,按建筑安装工程、永久设备工程和独立费用三种类型分别计算。本资金流量计算办法主要用于初步设计概算。

1.建筑及安装工程资金流量

(1)建筑工程可根据分年度投资表的项目划分,考虑一级项目中的主要工程项目,以归项划分后各年度建筑工作量作为计算资金流量的依据。

(2)资金流量是在原分年度投资的基础上,考虑预付款、预付款的扣回、保留金和保留金的偿还等编制出的分年度资金安排。

(3)预付款一般可划分工程预付款和工程材料预付款两部分。

①工程预付款按划分的单个工程项目的建安工作量的10%~20%计算,工期在3年以内的工程全部安排在第一年,工期在3年以上的可安排在前两年。工程预付款的扣回从完成建安工作量的30%起开始,按完成建安工作量的20%~30%扣回至预付款全部回收完毕为止。

对于需要购置特殊施工机械设备或施工难度较大的项目,工程预付款可取大值,其他项目取中值或小值。

②工程材料预付款。水利工程一般规模较大,所需材料的种类及数量较多,提前备料所需资金较大,因此考虑向承包商支付一定数量的材料预付款。可按分年度投资中次年完成建安工作量的20%在本年提前支付,并于次年扣回,依此类推,直至本项目竣工。(河道工程和灌溉工程等不计此项预付款)

(4)保留金。水利工程的保留金,按建安工作量的 2.5% 计算。在概算资金流量计算时,按分项工程分年度完成建安工作量的 5% 扣留至该项工程全部建安工作量的 2.5% 时终止(即完成建安工作量的 50% 时),并将所扣的保留金 100% 计入该项工程终止后一年(如该年已超出总工期,则此项保留金计入工程的最后一年)的资金流量表内。

2.永久设备工程资金流量

永久设备工程资金流量计算,划分为主要设备和一般设备两种类型分别计算。

(1)主要设备的资金流量计算,按设备到货周期确定各年资金流量比例,具体比例见表19。

(2)其他设备,其资金流量按到货前一年预付 15% 定金,到货年支付 85% 的剩余价款。

3.独立费用资金流量

独立费用资金流量主要是勘测设计费的支付方式应考虑质量保证金的要求,其他项目则均按分年投资表中的资金安排计算。

(1)可行性研究和初步设计阶段勘测设计费按合理工期分年平均计算。

(2)技施阶段勘测设计费的 95% 按合理工期分年平均计算,其余 5% 的勘测设计费用作为设计保证金,计入最后一年的资金流量表内。

表 19

年份 到货周期	第 1 年	第 2 年	第 3 年	第 4 年	第 5 年	第 6 年
1 年	15%	75%*	10%			
2 年	15%	25%	50%*	10%		
3 年	15%	25%	10%	40%*	10%	
4 年	15%	25%	10%	10%	30%*	10%

注 ①表中带 * 号的年份为设备到货年份。

②主要设备为水轮发电机组、大型水泵、大型电机、主阀、主变压器、桥机、门机、高压断路器或高压组合电器、金属结构闸门启闭设备等。

第五节 预备费、建设期融资利息、静态总投资、总投资

一、预备费

1.基本预备费

计算方法:根据工程规模、施工年限和地质条件等不同情况,按工程一至五部分投资合计(依据分年度投资表)的百分率计算。

初步设计阶段为 5.0%~8.0%。

2.价差预备费

计算方法:根据施工年限,以资金流量表的静态投资为计算基数。

按照国家计委根据物价变动趋势,适时调整和发布的年物价指数计算。

计算公式:

$$E = \sum_{n=1}^{N} F_n [(1+p)^n - 1]$$

式中　E——价差预备费;

　　　N——合理建设工期;

　　　n——施工年度;

　　　F_n——建设期间资金流量表内第 n 年的投资;

　　　p——年物价指数。

二、建设期融资利息

计算公式:

$$S = \sum_{n=1}^{N} \left[\left(\sum_{m=1}^{n} F_m b_m - \frac{1}{2} F_n b_n \right) + \sum_{m=0}^{n-1} S_m \right] i$$

式中　S——建设期融资利息;

　　　N——合理建设工期;

　　　n——施工年度;

　　　m——还息年度;

　　　F_n、F_m——在建设期资金流量表内第 n、m 年的投资;

　　　b_n、b_m——各施工年份融资额占当年投资比例;

　　　i——建设期融资利率;

　　　S_m——第 m 年的付息额度。

三、静态总投资

工程一至五部分投资与基本预备费之和构成静态总投资。

四、总投资

工程一至五部分投资、基本预备费、价差预备费、建设期融资利息之和构成总投资。

编制总概算表时,在第五部分独立费用之后,按顺序计列以下项目:

(1)一至五部分投资合计;

(2)基本预备费；

(3)静态总投资；

(4)价差预备费；

(5)建设期融资利息；

(6)总投资。

第七章　概算表格

一、工程概算总表

工程概算总表是由工程部分的总概算表与移民和环境部分的总概算表汇总而成。

表中 I 是工程部分总概算表。

表中 II 是移民环境总概算表。

表中 III 为前两部分合计静态总投资和总投资。

工程概算总表　　　　　　　　单位:万元

序号	工程或费用名称	建安工程费	设备购置费	独立费用	合计
I	工程部分投资				
	⋮				
	静态总投资				
	⋮				
	总投资				
II	移民环境投资				
	⋮				
	静态总投资				
	⋮				
	总投资				
III	工程投资总计				
	静态总投资				
	总投资				

二、概算表

概算表包括总概算表、建筑工程概算表、设备及安装工程概算表、分年度投资表、资金流量表。

1.总概算表

按项目划分的五部分填表并列至一级项目。五部分之后的内容为:一至五部分投资合计、基本预备费、静态总投资、价差预备费、建设期融资利息、总投资。

总概算表   单位:万元

序号	工程或费用名称	建安工程费	设备购置费	独立费用	合计	占一至五部分投资(%)
	各部分投资					
	一至五部分投资合计					
	基本预备费					
	静态总投资					
	价差预备费					
	建设期融资利息					
	总投资					

2.建筑工程概算表

按项目划分列至三级项目。

本表适用于编制建筑工程概算、施工临时工程概算和独立费用概算。

建筑工程概算表

序号	工程或费用名称	单位	数量	单价(元)	合计(元)

3.设备及安装工程概算表

按项目划分列至三级项目。

本表适用于编制机电和金属结构设备及安装工程概算。

设备及安装工程概算表

序号	名称及规格	单位	数量	单价(元)		合计(元)	
				设备费	安装费	设备费	安装费

4.分年度投资表

可视不同情况按项目划分列至一级项目。枢纽工程原则上按下表编制分年度投资,为编制资金流量表作准备。某些工程施工期较短可不编制资金流量表,因此其分年度投资表的项目可按工程部分总概算表的项目列入。

分年度投资表   单位:万元

项　目	合计	建　设　工　期　(年)							
		1	2	3	4	5	6	7	8
一、建筑工程									
1.建筑工程									
×××工程(一级项目)									
2.施工临时工程									
×××工程(一级项目)									
二、安装工程									
1.发电设备安装工程									
2.变电设备安装工程									
3.公用设备安装工程									
4.金属结构设备安装工程									
三、设备工程									
1.发电设备									
2.变电设备									
3.公用设备									
4.金属结构设备									
四、独立费用									
1.建设管理费									
2.生产准备费									
3.科研勘测设计费									
4.建设及施工场地征用费									
5.其他									
一至四部分合计									

5.资金流量表

可视不同情况按项目划分列至一级或二级项目。

资金流量表　　　　　　　　单位:万元

项　目	合计	建　设　工　期　（年）							
		1	2	3	4	5	6	7	8
一、建筑工程									
分年度资金流量									
×××工程									
……									
二、安装工程									
分年度资金流量									
三、设备工程									
分年度资金流量									
四、独立费用									
分年度资金流量									
一至四部分合计									
分年度资金流量									
基本预备费									
静态总投资									
价差预备费									
建设期融资利息									
总投资									

三、概算附表

概算附表包括建筑工程单价汇总表、安装工程单价汇总表、主要材料预算价格汇总表、次要材料预算价格汇总表、施工机械台时费汇总表、主要工程量汇总表、主要材料量汇总表、工时数量汇总表、建设及施工场地征用数量汇总表。

1. 建筑工程单价汇总表

建筑工程单价汇总表

单位:元

序号	名称	单位	单价	其 中							
				人工费	材料费	机械使用费	其他直接费	现场经费	间接费	企业利润	税金

2. 安装工程单价汇总表

安装工程单价汇总表

单位:元

序号	名称	单位	单价	其 中								
				人工费	材料费	机械使用费	装置性材料费	其他直接费	现场经费	间接费	企业利润	税金

3. 主要材料预算价格汇总表

主要材料预算价格汇总表

单位:元

序号	名称及规格	单位	预算价格	其 中			
				原价	运杂费	运输保险费	采购及保管费

4. 次要材料预算价格汇总表

次要材料预算价格汇总表

单位:元

序号	名称及规格	单位	原价	运杂费	合计

5.施工机械台时费汇总表

施工机械台时费汇总表

单位:元

序号	名称及规格	台时费	其　　中				
			折旧费	修理及替换设备费	安拆费	人工费	动力燃料费

6.主要工程量汇总表

主要工程量汇总表

序号	项目	土石方明挖（m³）	石方洞挖（m³）	土石方填筑（m³）	混凝土（m³）	模板（m²）	钢筋（t）	帷幕灌浆（m）	固结灌浆（m）

7.主要材料量汇总表

主要材料量汇总表

序号	项目	水泥（t）	钢筋（t）	钢材（t）	木材（m³）	炸药（t）	沥青（t）	粉煤灰（t）	汽油（t）	柴油（t）

8.工时数量汇总表

工时数量汇总表

序号	项　　目	工时数量	备　　注

9.建设及施工场地征用数量汇总表

建设及施工场地征用数量汇总表

序号	项　　目	占地面积　（亩）	备　　注

四、概算附件附表

概算附件附表包括人工预算单价计算表、主要材料运输费用计算表、主要材料预算价格计算表、混凝土材料单价计算表、建筑工程单价表、安装工程单价表、资金流量计算表、主要技术经济指标表。

1.人工预算单价计算表

人工预算单价计算表

地区　类别			定额人工等级	
序　号	项　目	计算式	单价(元)	
1	基本工资			
2	辅助工资			
(1)	地区津贴			
(2)	施工津贴			
(3)	夜餐津贴			
(4)	节日加班津贴			
3	工资附加费			
(1)	职工福利基金			
(2)	工会经费			
(3)	养老保险费			
(4)	医疗保险费			
(5)	工伤保险费			
(6)	职工失业保险基金			
(7)	住房公积金			
4	人工工日预算单价			
5	人工工时预算单价			

2.主要材料运输费用计算表

主要材料运输费用计算表

编　号	1	2	3	材料名称			材料编号	
交货条件				运输方式	火车汽车船运		火　车	
交货地点				货物等级			整车	零担
交货比例(%)				装载系数				

编号	运输费用项目	运输起讫地点	运输距离（km）	计算公式			合计（元）
1	铁路运杂费						
	公路运杂费						
	水路运杂费						
	场内运杂费						
	综合运杂费						
2	铁路运杂费						
	公路运杂费						
	水路运杂费						
	场内运杂费						
	综合运杂费						
3	铁路运杂费						
	公路运杂费						
	水路运杂费						
	场内运杂费						
	综合运杂费						
每吨运杂费							

3.主要材料预算价格计算表

主要材料预算价格计算表

编号	名称及规格	单位	原价依据	单位毛重(t)	每吨运费(元)	价 格 （元）					
						原价	运杂费	采购及保管费	运到工地分仓库价格	保险费	预算价格

4.混凝土材料单价计算表

混凝土材料单价计算表
单位:m³

编号	混凝土标号	水泥强度等级	级配	预 算 量						单价(元)
				水泥(kg)	掺合料(kg)	砂(m³)	石子(m³)	外加剂(kg)	水(kg)	

5.建筑工程单价表

建筑工程单价表

定额编号＿＿＿＿＿＿＿＿＿＿　　　项目＿＿＿＿＿＿　　　定额单位：

施工方法：

编号	名称	单位	数量	单价(元)	合计(元)

6.安装工程单价表

安装工程单价表

定额编号＿＿＿＿＿＿＿＿＿＿　　　项目＿＿＿＿＿＿　　　定额单位：

型号规格

编号	名称	单位	数量	单价(元)	合计(元)

7.资金流量计算表

资金流量计算表

单位:万元

项　目	合计	建 设 工 期 （年）							
		1	2	3	4	5	6	7	8
一、建筑工程									
（一）×××工程									
1.分年度完成工作量									
2.预付款									
3.扣回预付款									
4.保留金									
5.偿还保留金									
（二）×××工程									
……									
二、安装工程									
1.分年度完成安装费									
2.预付款									
3.扣回预付款									
4.保留金									
5.偿还保留金									
三、设备工程									
1.分年度完成设备费									
2.预付款									
3.扣回预付款									
4.保留金									
5.偿还保留金									
四、独立费用									
1.分年度费用									
2.保留金									
3.偿还保留金									

项　目	合计	建　设　工　期　（年）							
		1	2	3	4	5	6	7	8
一至四部分合计									
1.分年度工作量									
2.预付款									
3.扣回预付款									
4.保留金									
5.偿还保留金									
基本预备费									
静态总投资									
价差预备费									
建设期融资利息									
总投资									

8.主要技术经济指标表

本表可根据工程具体情况进行编制,反映出主要技术经济指标即可。

可行性研究投资估算

投资估算是可行性研究报告的重要组成部分,是国家为选定近期开发项目作出科学决策和批准进行初步设计的重要依据。

一、综　述

水利工程可行性研究投资估算与初步设计概算在组成内容、项目划分和费用构成上基本相同,但两者设计深度不同。投资估算可根据《水利水电工程可行性研究报告编制规程》的有关规定,对初步设计概算编制规定中部分内容进行适当简化、合并或调整。

设计阶段和设计深度决定了两者编制方法及计算标准有所不同。

二、编制方法及计算标准

1.基础单价

基础单价编制与概算相同。

2.建筑、安装工程单价

投资估算主要建筑、安装工程单价编制与初设概算单价编制相同,一般均采用概算定额,但考虑投资估算工作深度和精度,应乘以10%扩大系数。

3.分部工程估算编制

(1)建筑工程。主体建筑工程、交通工程、房屋建筑工程基本与概算相同。其他建筑工程可视工程具体情况和规模按主体建筑工程投资的3%~5%计算。

(2)机电设备及安装工程。主要机电设备及安装工程基本与概算相同。其他机电设备及安装工程可根据装机规模按占主要机电设备费的百分率或单位千瓦指标计算。

(3)金属结构设备及安装工程。编制方法基本与概算相同。

(4)施工临时工程。编制方法及计算标准基本与概算相同。

(5)独立费用。编制方法及计算标准与概算相同。

三、分年度投资及资金流量

投资估算由于工作深度仅计算分年度投资而不计算资金流量。

四、预备费、建设期融资利息、静态总投资、总投资

可行性研究投资估算基本预备费率取 10%~12%；项目建议书阶段基本预备费率取 15%~18%。价差预备费率同初步设计概算。

五、估算表格

基本与概算相同。

附　录

附录1

关于发布《工程建设监理费有关规定》的通知

（1992年9月18日　国家物价局　建设部[1992]价费字479号）

各省、自治区、直辖市及计划单列市物价局（委员会）、建委（建设厅），国务院各有关部门：

一九八八年以来，我国开始试行工程建设监理制度。几年的实践表明，实行工程建设监理制度，在控制工期、投资和保证质量等方面都发挥了积极作用。为了保证工程建设监理事业的顺利发展，维护建设单位和监理单位的合法权益，现对工程建设监理费有关问题规定如下：

一、工程建设监理，由取得法人资格，具备监理条件的工程监理单位实施，是工程建设的一种技术性服务。

二、工程建设监理，要体现"自愿互利、委托服务"的原则，建设单位与监理单位要签订监理合同，明确双方的权利和义务。

三、工程建设监理费，根据委托监理业务的范围、深度和工程的性质、规模、难易程度以及工作条件等情况，按照下列方法之一计收：

（一）按所监理工程概（预）算的百分比计收（见附表）；

（二）按照参与监理工作的年度平均人数计算：3.5万～5万元/（人·年）；

（三）不宜按（一）、（二）两项办法计收的，由建设单位和监理单位按商定的其他方法计收。

四、以上（一）、（二）两项规定的工程建设监理收费标准为指导性价格，具体收费标准由建设单位和监理单位在规定的幅度内协商确定。

五、中外合资、合作、外商独资的建设工程,工程建设监理费双方参照国际标准协商确定。

六、工程建设监理费用于监理工作中的直接、间接成本开支,缴纳税金和合理利润。

七、各监理单位要加强对监理费的收支管理,自觉接受物价和财务监督。

八、国务院各有关部门和各省、自治区、直辖市物价部门、建设部门可依据本通知规定,结合本地区、本部门情况制定具体实施办法,报国家物价局、建设部备案。

九、本通知自一九九二年十月一日起施行。

附表　　　　　　　　工程建设监理收费标准

序号	工程概(预)算 M(万元)	设计阶段(含设计招标)监理取费 a(%)	施工(含施工招标)及保修阶段监理取费 b(%)
1	$M<500$	$0.2<a$	$2.5<b$
2	$500 \leqslant M<1000$	$0.15<a \leqslant 0.20$	$2.00<b \leqslant 2.50$
3	$1000 \leqslant M<5000$	$0.10<a \leqslant 0.15$	$1.40<b \leqslant 2.00$
4	$5000 \leqslant M<10000$	$0.08<a \leqslant 0.10$	$1.20<b \leqslant 1.40$
5	$10000 \leqslant M<50000$	$0.05<a \leqslant 0.08$	$0.80<b \leqslant 1.20$
6	$50000 \leqslant M<100000$	$0.03<a \leqslant 0.05$	$0.60<b \leqslant 0.80$
7	$100000 \leqslant M$	$a \leqslant 0.03$	$b \leqslant 0.60$

国家计委、财政部关于
第一批降低 22 项收费标准的通知

计价费[1997]2500 号

根据《中共中央、国务院关于治理向企业乱收费、乱罚款和各种摊派等有关问题的决定》(中发[1997]14 号)精神,国家计委、财政部对部分行业的收费进行了清理,经国务院减轻企业负担部际联席会议批准,决定第一批降低 22 项收费标准。现将具体项目和标准通知如下:

一、管理费(9 项)

(一)公路运输管理费。收费标准从最高不超过营运(营业)收入的 1%,降低到最高不超过营运(营业)收入的 0.8%。

(二)水路运输管理费。收费标准从最高不超过营运(营业)收入的 2%,降低到最高不超过营运(营业)收入的 1.6%。

(三)证券、期货市场监管费。国家计委、财政部已以计价费[1997]2023 号文件下达收费标准,请按照执行。

(四)乡镇企业管理费。收费标准从按销售收入的 0.5% ~ 0.7%,降低到 0.1%。

(五)野生动物资源保护管理费。对中医药生产企业收取的野生动物资源保护管理费收费标准从按销售额的 6% ~ 8%,降低到 1% ~ 2%。

(六)免税商品海关监管手续费。收费标准从按进货到岸价格的 2%,降低到 1.5%。

(七)工程定额编制管理费。对沿海城市和建安工作量大的地区,收费标准从不超过建安工作量的 0.5‰~1‰降低到 0.4‰~0.8‰;对其他地区收费标准从不超过建安工作量的 0.5‰~1.5‰,降低到 0.4‰~1.3‰。

(八)劳动定额测定费。凡单独设立劳动定额管理机构进行定额测定编制工作,并为企业提供服务的,收费标准从不超过建安工作量的 0.3‰~1‰,降低到 0.2‰~0.8‰;未单独设立劳动定额管理机构的各级定额管理站,其测定劳动定额只是为编制概(预)算定额服务的,按本文第(七)项降低后收费标准执行;对在测定的基础上单独编制劳动定额,且为企业提供服务的,收费标准从工程定额编制管理费基础上增加 0.3‰~0.5‰的定额测定费一并收取,降低到在第(七)项降低后收费标准基础上增加 0.1‰~0.3‰的定额测定费一并收取。

(九)城市房屋拆迁管理费。收费标准从不超过房屋拆迁补偿安置费用的 0.5%~1%,降低到 0.3%~0.6%。

二、证照费(3 项)

(一)取水许可证收费。收费标准从每套 35 元,降低到每套 10 元。

(二)统一代码证书费。正本收费标准从每本 50 元,降低到工本费每本 10 元,另收技术服务费 35 元;副本收费标准从每本 30 元,降低到每本 8 元。

(三)监理工程师证书费。收费标准从每套 35 元,降低到每套 10 元。

三、许可证费(1 项)

核材料许可证收费。对核研究单位收费标准从每个领证单位 5000~10000 元,降低到每个领证单位 2500 元。

四、资源费(1项)

无线寻呼系统频率占用费。收费标准从全国范围使用每频点300万元,全省范围使用每频点30万元,地方范围使用每频点6万元,降低到全国范围使用每频点200万元,全省范围使用每频点20万元,地方范围使用每频点4万元。

五、检验检疫费(6项)

(一)动植物运输工具检疫费。火车收费标准从每厢次20元降低到4元;汽车收费标准从每辆次10元降低到5元;集装箱收费标准从每箱次10元降低到4元。

(二)农业部门国内植物调运检疫费。调整为对国家专储粮调运部分不收费,商品粮调运检疫费标准由按货值的1.2‰降低到1‰。

(三)国境卫生检疫部门小批量进口食品检验费。收费标准从进口金额的6‰,降低到5‰。

(四)商检部门一般商品包装性能鉴定收费。麻袋包装性能鉴定收费标准从每件0.02元,降低到每件0.01元。

(五)商检部门进出口商品品质检验费。对进口化肥收费标准从商品总值的2.5‰,降低到2‰。

(六)交通部门船舶检验费。按《船舶检验计算规定》([1993]价费字119号)规定的各项收费标准降低10%。

六、其他(2项)

(一)条形码服务费。胶片研制费收费标准从60元,降低到48元,对进出口公司收取的系统维护费收费标准从每年3500元,降低到每年3100元。

(二)内河航道养护费。收费标准从按运费收入的8%收取,降低到6%。

　　本通知自1998年1月1日起执行,过去国家计委(包括原国家物价局)会同财政部及国务院其他有关部门制定的收费标准与本通知规定不符的,以本通知为准。

一九九七年十二月十五日

附录3

国家计委收费管理司、财政部综合与
改革司关于水利建设工程质量监督收费
标准及有关问题的复函

1996 年 1 月 8 日　计司收费函〔1996〕2 号

水利部财务司:

　　你部《关于商请批准水利建设工程质量监督收费标准的函》收悉,经研究,现函复如下:

　　一、根据国务院有关抑制通货膨胀,控制物价过快上涨的精神,为了有利于保持价格总水平的基本稳定,保持不同行业建设工程质量监督收费的合理比价,对水利建设工程质量监督的收费标准暂不作调整。收费标准仍按原国家物价局、财政部〔1993〕价费字 149 号《关于发布建设工程质量监督费的通知》有关规定执行,即按建安工作量计费,大城市不超过 1.5‰,中等城市不超过 2‰,小城市不超过 2.5‰;已实施工程监理的建设项目,按不超过建安工作量的 0.5‰~1‰收取工程质量监督费。具体收费标准按水利建设工程所在地省级物价、财政部门的规定执行。

　　水利建设工程质量监督单位应按规定向物价部门申领收费许可证,使用财政部门统一印制的收费票据。

　　二、鉴于《规定》第六章中多处内容,如收费名称、征收办法和标准、规定收入上解以及收费资金的使用管理等都存在与现行国家有关规定不符的问题。为此,我们建议,对《规定》应做如下修改:

1.将《规定》第二十条、第二十七条至第三十条中的"质量监督管理费"改为"工程质量监督费",以便与国家批准的收费项目名称相一致;

2.取消第二十八条;

3.将第三十条改为:"质量监督费应用于质量监督工作的正常经费开支,不得挪作它用。其使用范围主要为:工程质量监督检测开支以及必要的旅费开支等"。